普通高等教育艺术设计类专业"十二五"规划教材
计算机软件系列教材

Flash动画与实例应用

主　编　刘冠南　周　序
副主编　李　翔　孙　琳　杨竹音　杨　衡

华中科技大学出版社
http://www.hustp.com
中国·武汉

内 容 简 介

　　"Flash 动画"是动画、数字媒体艺术教育类专业的核心课程,是深入把握动画制作技术的基础。本书以大量图例来分析商业动画、网络动画、切分动画等,深入实质问题,引导读者掌握运用动画技术手段创造性地还原动画对象动态。本书从动画制作知识和软件实际操作两方面入手,力求使读者能够使用 Flash CS3 制作出真正意义上的动画作品。

　　本书既可作为高等院校、培训机构的动画专业教学用书,也可以作为喜欢 Flash 动画的初、中级读者的自学参考书,还可以供网页设计、动画设计人员使用,是一本实用的软件设计类宝典。

图书在版编目(CIP)数据

Flash 动画与实例应用/刘冠南　周　序　主编.—武汉:华中科技大学出版社,2013.12
ISBN 978-7-5609-9525-0

Ⅰ.①F…　Ⅱ.①刘…　②周…　Ⅲ.①动画制作软件-高等学校-教材　Ⅳ.TP391.41

中国版本图书馆 CIP 数据核字(2013)第 286997 号

Flash 动画与实例应用　　　　　　　　　　　　　　　　刘冠南　周　序　主编

策划编辑:谢燕群　范　莹
责任编辑:陈元玉
责任校对:周　娟
封面设计:刘　卉
责任监印:周治超
出版发行:华中科技大学出版社(中国·武汉)
　　　　　武昌喻家山　　邮编:430074　　电话:(027)81321915
录　　排:武汉金睿泰广告有限公司
印　　刷:武汉中远印务有限公司
开　　本:880mm×1230mm　1/16
印　　张:11
字　　数:312 千字
版　　次:2014 年 1 月第 1 版第 1 次印刷
定　　价:49.80 元

序

当今中国经济的迅猛发展举世瞩目，社会对于动画设计人才的需求急速扩增。动画教育与社会的经济、技术、信息、生活、社会文化及市场营销等关系密切，并在社会的构造中起着重要的作用。快速发展的社会形势迫切呼唤高素质、应用型技能的动画设计人才。他们应具备创意策划能力、动画制作能力和软件操作能力。

本教材旨在"以培养高质量应用型人才为目标，以学生就业为导向"，在编写中结合选用了当今行业中比较成功的实例，制作技术和实际项目紧密结合，提高人才培养的能力和水平，更好地满足经济社会发展对应用型人才的需要。

本教材具有如下特点。

★ 内容丰富、图文并茂

本教材合理安排基础知识和实践知识的比例，基础知识以"必需、够用"为度，内容系统全面，图文并茂。

★ 结构合理、实例典型

本教材以培养实用型和应用型人才为目标，精心安排了实例讲解，每个实例介绍一项技巧，以便读者短时间内掌握软件应用的操作方法，从而能够顺利解决实践工作中的问题。

★ 与实际工作相结合

注重学生素质培养，与企业一线人才要求对接，在理论教学和实践教学方面均有创新，特别是对无纸动画的技术制作，是动画教学改革中的一个突破，将教育、训练、应用三者有机结合，使学生一毕业就能胜任工作，增强学生的就业竞争力。

武汉大学 教授（博士）硕士生导师

中国动画协会常务理事

中国工艺美术家协会理事

湖北省高教委教育委员会设计学会常务理事

2013 年 12 月

前 言

QIANYAN

　　"Flash 动画"是动画、数字媒体艺术、平面广告等专业的一门必修专业课程。通过这门课程的学习，可使学生对于 Flash 动画的设计、创作、理论实践知识等能够有一定的理解和认识。通过这门软件的理论学习与实践运用，可使学生掌握 Flash 的基础操作与实践运用，结合动画基础造型以及动画运动规律，原画、动画、二维动画短片制作等课程的学习要点，做到学习与运用相辅相成，进一步适应现代无纸动画的发展趋势。

　　虽然 Flash 软件版本更新很快，但一些与新版本软件配套的工具尚未开发成熟，实用性不强。而 Flash CS3 软件的兼容性及稳定性较好，操作简单易上手，根据市场考察，国内商业动画片制作采用该软件，这也是本书采用 Flash CS3 的主要原因。本书在案例的选取上着眼于专业性和实用性，可帮助读者解决实际应用中的难题，拓展学习思路。每个案例开始部分都有制作提示、案例描述和效果预览图等内容，可使读者快速掌握案例的制作方法。

　　本书既可作为普通高等院校影视动画类相关专业的教材，也可作为动画爱好者和社会培训机构的辅导用书。

　　本书在编写时虽有心做到完美和创新，但由于编者水平与时间有限，难免存在不妥之处，望广大读者批评、指正。

　　最后，要衷心感谢我的导师武汉大学新闻与传播学院硕士导师陈瑛教授，她不仅在百忙之中为本书作序，还对其编写工作进行了专业指导，为本书增色不少。同时，还要感谢华中师范大学武汉传媒学院、安徽新华学院、郑州轻工业学院的领导和华中科技大学出版社的领导和丛书责任编辑，是他们的大力支持和辛勤劳动，才使其得以顺利与读者见面。

编　者

2013年12月

目 录

MULU

001   第1章   Flash CS3基础知识

013   第2章   Flash绘制基础

027   第3章   Flash动画基础

075   第4章   文本的使用

087   第5章   在Flash中添加声音和视频

095   第6章   时间轴特效与滤镜

107   第7章   动作面板的使用

129   第8章   影片的合成与输出

137   第9章   经典案例操作

167   参考文献

1.1 工作界面

Flash CS3 的工作界面主要包含标题栏、菜单栏、主工具栏、工具栏、图层面板、时间轴、舞台/工作区、属性面板、浮动面板等组成部分，如图 1-1 所示。

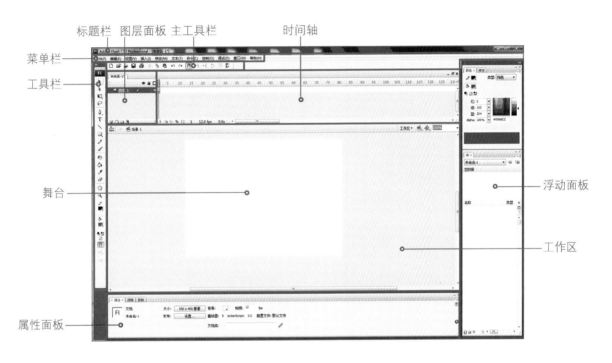

图1-1 Flash CS3的工作界面

1. 标题栏

标题栏用于显示软件名称、当前所编辑的文档名称和软件的控制按钮（实现 Flash 窗口的最小化、还原和关闭操作），如图 1-2 所示。

图1-2 标题栏

2. 菜单栏

通过菜单栏中的 11 组菜单实现 Flash 的大部分操作命令，包括：文件、编辑、视图、插入、修改、文本、命令、控制、调试、窗口、帮助，如图 1-3 所示。

文件(F)　编辑(E)　视图(V)　插入(I)　修改(M)　文本(T)　命令(C)　控制(O)　调试(D)　窗口(W)　帮助(H)

图1-3　菜单栏

（1）文件：文件菜单主要针对整个文档，包括打开文件、保存文件、文件的保存设置、文件的发布设置、文件导入其他对象的设置等，如图 1-4 所示。

图1-4　文件菜单　　　　　　图1-5　编辑菜单

（2）编辑：编辑菜单主要针对文档内部的一些对象进行编辑，包括复制对象、粘贴对象、撤消操作、重复操作、查找和替换对象、帧和动画的编辑、设置首选参数等，如图 1-5 所示。

（3）视图：视图菜单主要针对文档所显示的视图，包括场景的转换命令，文档的视图放大、缩小、等比缩放，标尺显示，网格显示与编辑等，如图 1-6 所示。

（4）插入：插入菜单主要是对当前的文档添加命令，包括新建元件、插入图层、插入图层文件夹、插入运动引导层、插入各种时间轴特效等，如图 1-7 所示。

（5）修改：修改菜单针对当前文档的某一对象，改变对象当前的状态，包括修改文档属性、将对象转换为元件、将对象分离、交换位图、将位图转换为矢量图、交换元件、直接复制元件、形状设置、合并对象设置、时间轴设置、时间轴特效设置、对象的变形、对象的排列、对象的对齐、对象的组合等，如图1-8所示。

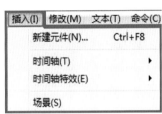

图1-6 视图菜单　　　　图1-7 插入菜单　　　　图1-8 修改菜单

（6）文本：文本菜单的主要作用是针对写入的文本或文本块，包括字体设置、字号设置、样式设置、对齐设置、拼写检查等，如图1-9所示。

（7）命令：命令菜单主要包括管理保存的命令、获取更多命令、运行命令、导入动画MXL、导出动画MXL、将动画复制为MXL，如图1-10所示。

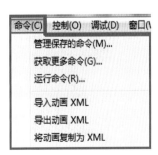

图1-9 文本菜单　　　　图1-10 命令菜单

（8）控制：控制菜单主要包括常用的测试影片、测试场景等，如图1-11所示。

（9）调试：调试菜单主要针对ActionScript代码的一些命令，对写入的代码进行调试，如图1-12所示。

图1-11 控制菜单

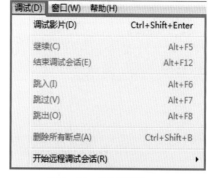

图1-12 调试菜单

（10）窗口：用于调出所有的工具面板，对浮动面板进行编辑，如图1-13所示。

（11）帮助：提供Flash CS3自带的帮助文件，也可以在互联网上提供在线服务和支持，如图1-14所示。

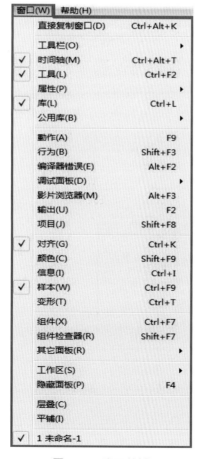

图1-13 窗口菜单

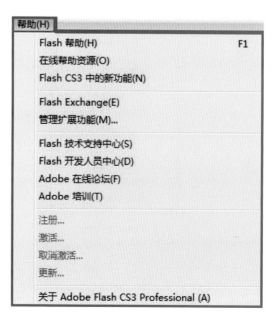

图1-14 帮助菜单

3. 工具栏

左侧的工具栏为设计者提供各种绘制和编辑工具，在后面的学习中会对每种工具进行详细介绍。

4. 主工具栏

主工具栏上依次是新建文件、打开文件、转到 Bridge、保存文件、打印、剪切、复制、粘贴、撤消、重做、贴紧至对象、平滑、伸直、旋转与倾斜、缩放、对齐按钮，如图 1-15 所示。其中，剪切、复制、撤消、重做、平滑、伸直、旋转与倾斜、缩放按钮需要先选择图形后才可以选择上面相应的 Flash 主工具。

图1-15 主工具栏

5. 图层面板

图层面板主要用于显示和控制图层，在图层面板中可以创建图层、查看图层、编辑图层等，如图 1-16 所示。

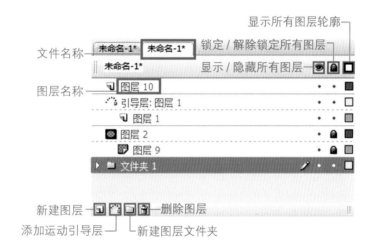

图1-16 图层面板

根据功能的不同，图层可以划分为 5 种基本类型：普通层、引导层、被引导层、遮罩层、被遮罩层及图层文件夹，主要用来管理图层，如图 1-17 所示。

图1-17 图层类型与图层文件夹

（1）普通层：它与 Photoshop 中的图层概念是一样的，是最常用的。

（2）引导层：引导层中包含的是一条路径，作为引导线引导被引导层上的对象的运动路径，如图 1-18 所示。

（3）被引导层：被引导层在引导层下面，该层上的对象沿着引导线的路径形成运动补间动画。

（4）遮罩层：遮罩层包含的是一个遮罩块，用来遮罩被遮罩层的内容，遮罩层中的图形不会显示在发布的文件中，如图 1-19 所示。

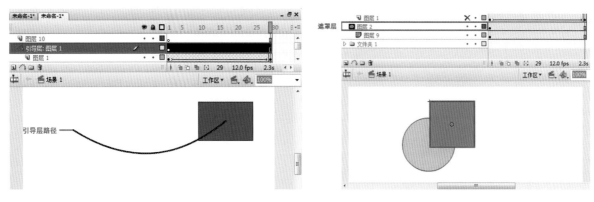

图1-18　引导层路径　　　　　　　　　　　图1-19　遮罩层

（5）被遮罩层：被遮罩层在遮罩层下面，该层上的内容只要是被遮罩层遮盖的地方，就会显示在发布的文件中，没有遮盖的地方不会显示出来。

将图层设置为遮罩层以后，下面的图层会自动成为被遮罩层，两个图层自动锁定，图层锁定以后不再显示遮罩块，解锁后可以进行编辑。遮罩层和被遮罩层锁定的效果如图 1-20 所示。

（6）图层文件夹：创建图层文件夹可以把相互关联的图层放在同一个文件夹内，在制作中可以更好地组织和管理图层，如图 1-21 所示。

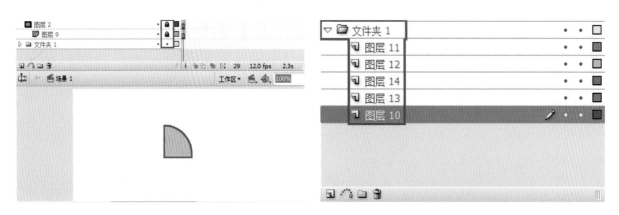

图1-20　遮罩效果　　　　　　　　　　　图1-21　图层文件夹

6. 时间轴

时间轴主要用于控制时间，时间轴的最小单位是帧，如图 1-22 所示。

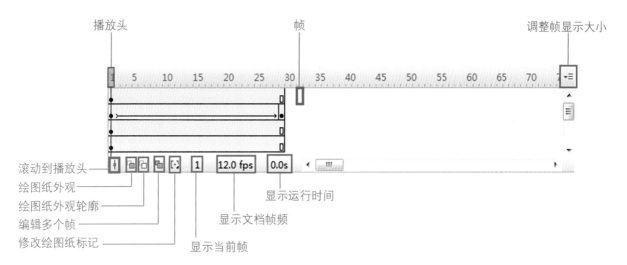

图1-22 时间轴

(1) 播放头：用于显示当前在舞台中的帧，可以用鼠标沿时间轴左右拖动，起到预览动画的作用。

(2) 帧：是在时间轴上显示的最基本的时间单位，不同的帧对应着不同的时刻。

(3) 调整帧显示大小：在选项中可以改变时间轴中帧的显示模式。

(4) 滚动到播放头：可以将播放头标记的帧显示在时间轴控制区中。

(5) 绘图纸外观：在播放头的左右会出现绘图纸的起点和终点。位于绘图纸之间的帧的颜色在工作区中会由深至浅显示出来，当前帧的颜色最深。

(6) 绘图纸外观轮廓：只显示对象的轮廓线。

(7) 编辑多个帧：可以对选定为绘图纸区域中的关键帧进行编辑。

(8) 修改绘图纸标记：主要用于修改当前绘图纸的标记。移动播放头的位置，绘图纸的位置也会随之发生相应的变化。单击该按钮，会弹出如图1-23所示的修改绘图纸标志快捷菜单。

总是显示标记：选中该项，无论是否启用绘图纸模式，绘图纸标记都会显示在时间轴上。

锚定绘图纸：时间轴上的绘图纸标记将锁定在当前位置，不再随着播放头的移动而发生位置上的改变。

绘图纸2：在当前帧左右两侧各显示两帧。

绘图纸5：在当前帧左右两侧各显示五帧。

绘制全部：显示当前帧两侧的所有帧。

图1-23 修改绘图纸标志快捷菜单

7. 舞台 / 工作区

白色区域为舞台，灰色区域为工作区。当测试动画时，只会显示舞台区域的内容，不会显示工作区的内容。

8. 属性面板

当选中文档中的某个对象时，属性面板会显示此对象的属性。

9. 浮动面板

在 Flash 中有很多浮动面板，其特点就是操作者可以同时打开多个面板，也可以关闭暂不使用的面板。默认情况下，浮动面板集中在操作界面右侧。

1.2　文件操作

1.2.1　新建文件

启动 Flash CS3 后，会出现起始页面，如图 1-24 所示。

图1-24　起始页面

单击"新建"栏下的"Flash 文件（ActionScript 3.0）"，可以创建扩展名为 .fla 的新文件，新建文件会自动采用 Flash 的默认文件属性。还可以执行"文件→新建"命令，打开"新建文件"对话框，在该对话框中选择"Flash 文件（ActionScript 3.0）"完成新建文件。

注：Flash 文件（ActionScript 3.0）和 Flash 文件（ActionScript 2.0）中的"ActionScript 3.0"和"ActionScript 2.0"是指在使用 Flash 文件编程时所使用的脚本语言的版本。Flash CS3 默认采用 ActionScript 3.0 版的脚本语言。ActionScript 2.0 版是 Flash 8 中普遍采用的脚本语言，在易用性和功能上不如 ActionScript 3.0。两个版本的语言不兼容，需要不同的编辑器进行编译，所以新建文件时，需要根据实际情况选择采用哪种方式新建文件。

设置文件属性：新建 Flash 文件后，需要对它的尺寸、背景颜色、帧频、标尺单位等属性进行设置。

其操作方法如下。

（1）执行"修改→文档"命令或按"Ctrl +J"组合键，（见图 1-25），会弹出如图 1-26 所示的"文档属性"对话框。该对话框中显示了文档的当前属性。

图1-25　"修改→文档"命令　　　　　　图1-26　"文档属性"对话框

（2）在"文档属性"对话框中设置文档属性。

尺寸：设置影片的大小。

匹配：选择不同的匹配选项尺寸进行相应的变换，通常选择"默认"。

背景颜色：单击三角图标更改背景颜色。

帧频：设置帧频的默认值为 24 帧 / 秒，可根据作品要求进行更改。

标尺单位：根据需要更改标尺单位，默认情况下是像素。

（3）单击"确定"按钮完成设定。

1.2.2　打开文件

执行"文件→打开"命令（见图 1-27），会弹出如图 1-28 所示的"打开"对话框。在该对话框中选择目标文件，单击"打开"按钮，可打开 Flash 文件。

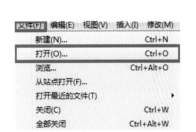

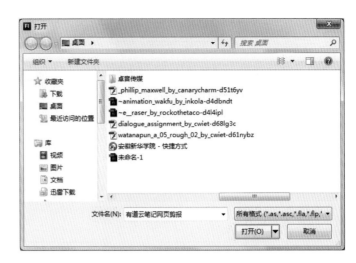

图1-27 "文件→打开"命令　　　　　图1-28 "打开"对话框

1.2.3 保存文件

执行"文件→保存"命令，如图1-29所示。如果是第一次执行"保存"命令，则会弹出"另存为"对话框，如图1-30所示，在该对话框中可以设定文件的保存路径、名称和格式。如果再次执行"保存"命令，则会以第一次保存的文件格式自动覆盖存储内容。单击"另存为"对话框中的"保存"按钮完成保存。

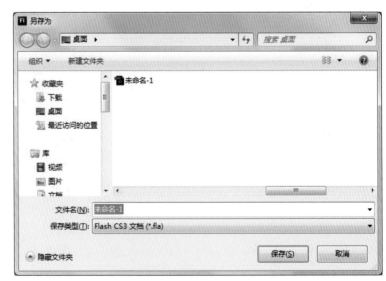

图1-29 "文件→保存"命令　　　　　图1-30 "另存为"对话框

1.3 Flash的功能及发展方向

Flash之所以被广泛应用，是与其自身的特点分不开的。

（1）Flash动画主要由矢量图形组成，矢量图形具有储存容量小，并且在缩放时不会失真的优点。这就使得Flash动画具有储存容量小、在缩放窗口时不会影响画面的清晰度。

（2）从 Flash 发布来看：在导出 Flash 的过程中，程序会压缩、优化动画组成元素（如位图图像、音乐和视频等），这就进一步减小了动画的储存容量，使其更加方便在网上传输。

（3）从 Flash 播放来看：发布后的 .swf 动画影片具有"流"媒体的特点，在网上可以边下载边播放，而不像 GIF 动画那样要把整个文件下载完了才能播放。

（4）从交互性来看：可以通过为 Flash 动画添加动作脚本使其具有交互性，从而让观众成为动画的一部分。这一点是传统动画无法比拟的。

（5）从制作手法来看：Flash 动画的制作比较简单，一个爱好者只要掌握一定的软件知识，拥有一台计算机、一套软件就可以制作出 Flash 动画。

（6）从制作成本来看：用 Flash 软件制作动画可以大幅度降低制作成本。同时，相比传统动画，Flash 制作动画时间也大幅缩短。

Flash 的功能特点决定了它的发展方向更加广阔，如 Flash 动画短片、广告、MTV、网站导航条、Flash 小游戏、产品展示等受到越来越多的人喜爱。

2.1 位图与矢量图

Flash 能制作出位图效果的动画，但 Flash 本身是一款矢量动画软件。在学习 Flash 动画原理之前，先来了解矢量图和位图图像的区别。

2.1.1 位图图像

位图图像又称为点阵图像或绘制图像，是由作为图片元素的像素单个点组成的。这些点可以按不同的排列和色彩显示来构成图像影像，当放大位图时，可以看见构成整个图像的无数像素。所以将位图图像进行放大后，图像区域显示出高低不平的锯齿效果，这些便是组成位图的像素。

2.1.2 矢量图形

矢量图也称为面向对象的图像或绘图图像，在数学上定义为一系列由线连接的点。矢量文件中的图像元素称为对象。每个对象都是一个自成一体的实体，它具有颜色、形状、轮廓、大小和屏幕位置等属性。既然如此，那么可以在维持对象原有清晰度和弯曲度的同时，多次移动和改变它的属性，而不会影响图例中的其他对象。这些特征使基于矢量的程序特别适用于 Flash 和三维建模，因为它们要求能创建和操作单个对象。基于矢量的绘图与分辨率无关，这意味着它们可以无损地显示到任何分辨率的输出设备上。

2.2 基本绘图工具的使用

Flash 绘图工具具有强大的绘图功能，熟练使用绘图工具可以绘制出所要的各种形状。线条的绘制是 Flash 绘图的基础，只有掌握了线条的绘制、编辑，对其属性进行深入的了解，才能绘制出我们想要的各种图形。

2.2.1 线条的绘制与修改

选择工具栏中的线条工具（或按快捷键 N），如图 2-1 所示。

图2-1 绘图工具　　　　　　　　图2-2 线条工具属性面板

在属性面板中会出现线条工具的相应属性，如图2-2所示。

单击属性面板的笔触颜色按钮，在所弹出的菜单中选择需要的颜色，如图2-3所示。

在属性面板的笔触高度栏中，可输入相应数值，设置线条的粗细，如图2-4所示。也可通过滑动条来控制线条粗细，如图2-5所示。

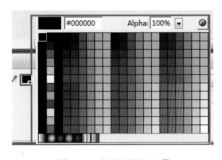

图2-3　笔触颜色选项

图2-4　笔触高度栏

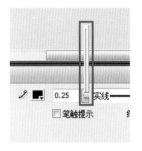

图2-5　笔触滑动条

在属性面板的笔触样式栏中，可选择笔触样式。只有选择实线和极细笔触样式，右侧的端点和接合点才处于可设置状态，如图2-6所示。端点有相应的选项，如图2-7所示。

图2-6　笔触样式栏

图2-7　线条端点效果

2.2.2　任意变形工具

任意变形工具（快捷键Q）如图2-8所示，在舞台上选择图形对象，所选对象周围会出现任意变形框，如图2-9所示。通过拖动控制点，长宽比例可自由改变，按住Shift键拖动控制点可进行等比例缩放。

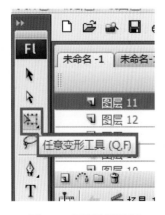

图2-8　任意变形工具

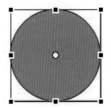

图2-9　任意变形框

选择对象出现控制点，拖动角控制点旋转对象，如图2-10所示。

2.2.3 铅笔工具

在Flash绘图中，铅笔工具和线条工具不常用。铅笔工具（快捷键Y）如图2-11所示。铅笔属性面板与线条工具属性面板的功能和作用是一样的。

选取铅笔工具，在工具面板中会出现铅笔的选项，这是铅笔工具特有的选项，按钮的下方会弹出三个选项：直线化、平滑、墨水，如图2-12所示。直线化是Flash默认的模式，在这种模式下绘制出的线条会更直一些。平滑会使绘制的线条变得更加柔软。墨水指绘制出来的图形轨迹即为最终的图形。

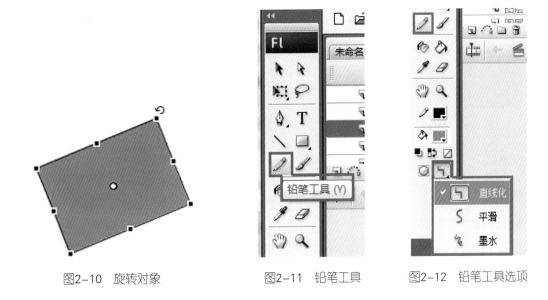

图2-10　旋转对象　　　　图2-11　铅笔工具　　　　图2-12　铅笔工具选项

2.2.4 刷子工具

刷子工具（快捷键B）如图2-13所示。它与铅笔工具类似，都可以任意绘制不同的线条，不同之处是刷子工具绘制的形状是被填充的。

在工具箱中的选项区可以设置刷子的大小，如图2-14所示。刷子形状如图2-15所示。

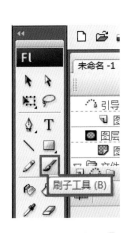  

图2-13　刷子工具　　　　图2-14　设置刷子的大小　　　　图2-15　刷子形状

在工具箱的选项区中还有5种不同的刷子模式，如图2-16所示。各选项说明如下。

标准绘画：可以对同一层的线条和填充涂色，如图2-17所示。

颜料填充：可以对填充区域和空白区域涂色，不影响线条，如图2-18所示。

后面绘画：可以在舞台上同一层的空白区域涂色，不影响线条和填充，如图2-19所示。

颜料选择：可以将新的填充应用到选区中，就像选择一个填充区域并应用新的填充一样，如图2-20所示。

内部绘画：对填充部分进行涂色，不对线条涂色，不会在线条外涂色。

如果在空白区域中开始涂色，则不会影响现有的填充区域，如图2-21所示。

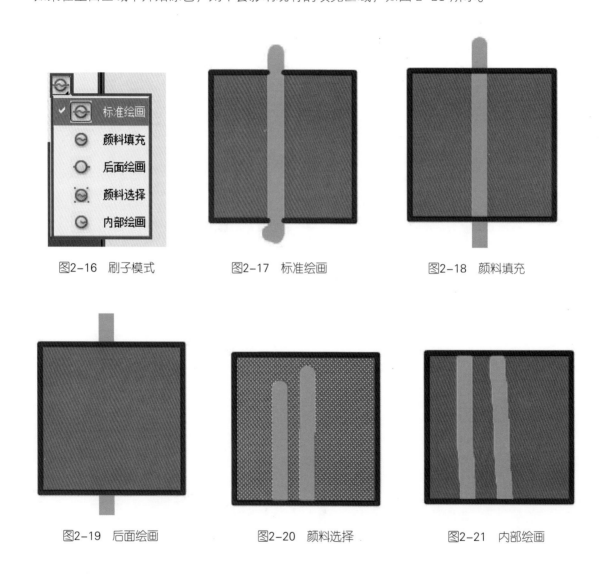

图2-16　刷子模式　　　　图2-17　标准绘画　　　　图2-18　颜料填充

图2-19　后面绘画　　　　图2-20　颜料选择　　　　图2-21　内部绘画

2.2.5　钢笔工具和部分选取工具

钢笔工具（快捷键P）如图2-22所示，它可以绘制出平滑流畅的曲线，结合部分选区工具（快捷键A）（见图2-23）可以绘制出不同的图形。钢笔属性面板与线条工具属性面板的功能和作用是一样的。

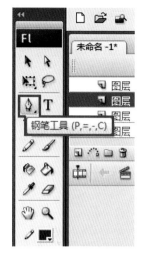
图2-22 钢笔工具

图2-23 部分选区工具

要想绘制直线，可将指针放在舞台上你想要开始的地方并单击，在你想要结束的位置再次单击即可。继续单击可以创建其他直线线段，如果你希望结束，则可以双击最后一个点来完成绘制。按住 Shift 键再单击可以将线条限制为倾斜 45° 的倍数，如图 2-24 所示。

图2-24 45° 钢笔工具绘制

图2-25 创建曲线

要想创建曲线，需要在按下鼠标左键的同时向你想要绘制曲线段的方向拖动鼠标，然后将指针放在你想要结束曲线段的地方，按下鼠标左键，然后朝相反的方向拖动来完成线段，如图 2-25 所示。利用部分选取工具可以方便移动线条上的锚点位置和调整曲线的弧度，如图 2-26 所示。

钢笔工具组如图 2-27 所示，包括钢笔工具、添加锚点工具、删除锚点工具和转换锚点工具。利

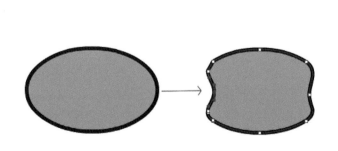
图2-26 部分选取工具移动锚点

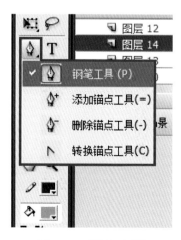
图2-27 钢笔工具组

用添加锚点工具和删除锚点工具，可以在路径上添加锚点或删除已有的锚点，从而更方便调整图形的形状。利用转换锚点工具可以实现曲线锚点与直线锚点间的切换。

2.2.6　椭圆工具和矩形工具

按快捷键R可以调出规则绘图工具，它的工具组包括椭圆工具、矩形工具、基本椭圆工具、基本矩形工具和多角星形工具，如图2-28所示。

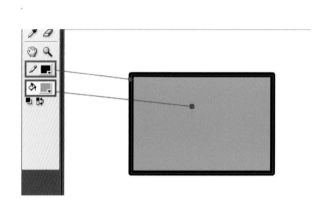

图2-28　矩形工具组　　　　　　　　　　　图2-29　笔触颜色和填充颜色

绘制图形时可分为两个部分的绘制，即笔触颜色绘制和填充颜色绘制，如图2-29所示。可以通过这两项来控制绘制图形的笔触颜色和填充颜色。

利用矩形工具属性面板（见图2-30）可以设置边框属性，可以在输入数值角度处（见图2-31）改变矩形角度，0表示绘制普通矩形，值越大，圆角矩形的半径越大。单击小锁标志，可分别设置4个角的半径，即绘制出矩形、正方形和圆角矩形。设置好参数后，将光标移动到舞台中，按住鼠标左键并拖动，即可绘制矩形或圆角矩形。在拖动鼠标的同时按住Shift键，可绘制正方形，同时按Alt键，则由中心向四周绘制。

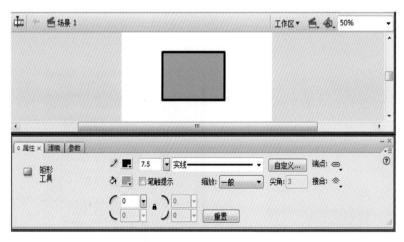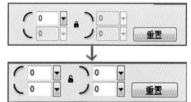

图2-30　矩形工具属性面板　　　　　　　　　图2-31　矩形角度控制处

利用椭圆工具可以绘制出正圆、椭圆、扇形、弧线和带有空心圆的扇形等。在圆形属性面板（见图2-32）的起始角度和结束角度文本框中分别输入相关数值，可绘制扇形、弧线和带有空心圆的扇形等，如图 2-33 所示；若不输入任何数值，绘制的是普通椭圆。在拖动鼠标的同时按住 Shift 键，可绘制正圆，同时按住 Alt 键，则可由中心向四周绘制。

图2-32　椭圆工具属性面板　　　　　　　　　　　图2-33　绘制扇形

取消选取"闭合路径"复选框，绘制出来的是弧线，如图 2-34 所示。

在"内径"文本框中输入正值，并勾选"闭合路径"复选框，可以绘制带有空心圆的椭圆或扇形，如图 2-35 所示。

图2-34　绘制弧线　　　　　　　　　　　图2-35　绘制空心扇形

在矩形工具组中还有基本矩形工具和基本椭圆工具。其中，基本矩形工具有四个角控制点，选择工具或部分选取工具都可以对矩形的控制点进行调整，选择工具在矩形的一角按下鼠标左键并拖动，可以变为圆角矩形，如图 2-36 所示。此时，注意它一共有 8 个控制点，可以分别选择不同的控制点进行调整。

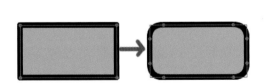

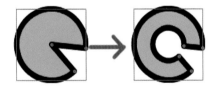

图2-36　绘制圆角矩形　　　　　　　　图2-37　拖动椭圆外围和内部的节点

基本椭圆工具的使用方法与椭圆工具的基本一样，所不同的是，基本椭圆工具绘制的图形是一个整体。使用选择工具拖动椭圆外围的节点，可以改变椭圆的起始角度和结束角度；使用选择工具拖动椭圆内部的节点，可改变内径，如图 2-37 所示。

单击属性面板中的选项按钮会打开"工具设置"对话框，如图 2-38 所示。该对话框中的"样式"选项可设置是绘制多边形还是星形，"边数"选项可设置多边形和星形的边数，"星形顶点大小"选项只对星形起作用，可设置星形顶点的大小。利用多角星形工具绘制的多边形和星形如图 2-39 所示。

图2-38　"工具设置"对话框　　　　　　　　　　图2-39　多角星形绘制

2.2.7　实例

执行"插入→新建元件"命令，或者按 Ctrl+F8 组合键，会弹出"创建新元件"对话框，如图 2-40 所示。在该对话框的"名称"文本框中输入元件名称为"树叶"，"类型"选择为"图形"，单击"确定"按钮。

图2-40　"创建新元件"对话框　　　　　　　　　图2-41　绘制一条直线

在树叶图形元件编辑场景中，首先用线条工具画一条直线，设置笔触颜色为深绿色，如图 2-41 所示。

用选择工具将它拉成曲线，如图 2-42 所示。同理绘制另一侧的树叶轮廓和内部轮廓，如图 2-43 所示。

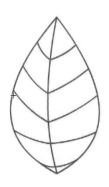

图2-42　拉成曲线　　　　　　　　　　　图2-43　树叶轮廓

接下来用颜料桶给这片树叶填上颜色，如图 2-44 所示。为了不让树叶单一，进行复制（按住 Alt键，同时单击鼠标拖动），用任意变形工具进行方向调整，如图 2-45 所示。

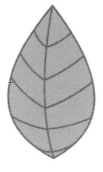

图2-44　树叶上色

图2-45　树叶组合

2.3　其他绘图工具的使用

2.3.1　填充变形工具

任意变形工具组中有一个渐变变形工具（快捷键F，见图 2-46），这个工具是 Flash 8 中的填充变形工具。在 Flash CS3 中合并到了任意变形工具组中。渐变变形工具用于为图形中的渐变效果进行填充变形。将图形的填充色设置为渐变填充色后，按工具面板中的"渐变变形工具"按钮，可以对图形中的渐变效果进行旋转、缩放等操作，使色彩的变化效果更加丰富，如图 2-47 所示。

图2-46　渐变变形工具

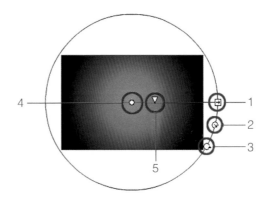

图2-47　使用渐变变形工具进行旋转、缩放等操作

1—对填充颜色进行横向的变形控制；2—对填充渐变色进行等比例缩放；
3—对填充渐变色进行旋转；4—对填充渐变色进行移动；
5—对填充渐变色浓厚程度及位置进行改变

2.3.2　套索工具

按 L 键可以调出套索工具，如图 2-48 所示。套索工具是一种选取工具，使用的时候不是很多，主要用于处理位图。选择套索工具后，会在选项中出现魔术棒及其选项和多边形模式，如图 2-49 所示。

图2-48　套索工具　　　　图2-49　套索工具选项　　　　图2-50　魔术棒设置

魔术棒工具主要用于处理位图。

魔术棒设置用来控制阈值和平滑的边缘，如图 2-50 所示。

多边形模式可以通过操作鼠标对所需部分进行框选，最后单击结束点，形成闭合即可选择，若不能准确找到结束点，则可以采用双击的方式进行选取。

2.3.3　橡皮擦工具

使用橡皮擦工具（快捷键 L）（见图 2-51）可以快速擦除笔触段或填充区域等工作区中的任何内容。用户也可以自定义橡皮擦模式，以便只擦除笔触、只擦除数个填充区域或单个填充区域，如图 2-52 所示。橡皮擦模式中包含标准擦除、擦除填色、擦除线条、擦除所选填空和内部擦除等选项。

图2-51　橡皮擦工具　　　图2-52　橡皮擦模式　　　图2-53　标准擦除

1. 标准擦除
标准擦除用于擦除鼠标经过轨迹的图像内容，如图 2-53 所示。

2. 擦除填色
这时橡皮擦工具只擦除填充色，而保留线条，如图 2-54 所示。

3. 擦除线条
这时橡皮擦工具只擦除线条，而保留填充色，如图 2-55 所示。

4. 擦除所选填充
这时橡皮擦工具只擦除当前选中的填充色，保留未被选中的填充以及所有的线条，如图 2-56 所示。

图2-54 擦除填色

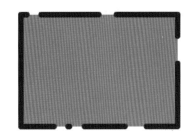

图2-55 擦除线条

5. 内部擦除

只有从填充色的内部进行擦除才有效,如图 2-57 所示。

图2-56 擦除所选填充

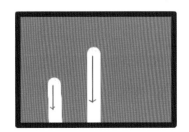

图2-57 内部擦除

2.3.4 实例

选择一个颜色对比强烈的素材放入舞台,如图 2-58 所示,按 Ctrl+B 组合键分离。选择套索工具,再点选下方的魔术棒选项,如图 2-59 所示,选择图形上的黄色区域,按删除键将黄色删除,用选择工具全选,按 Ctrl+G 组合键合并,得到我们想要的图形,如图 2-60 所示。这样的方法可以在复杂的制作中提高效率。

图2-58 导入图片

图2-59 套索工具

图2-60 合并图片

2.4 合并对象

2.4.1 合并对象的应用

在 Flash CS3 中,对象的合并也是一种常用的方法。在菜单栏中选择修改中的合并对象,出现下拉列表，如图 2-61 所示。在下拉列表中有删除封套、联合、交集、打孔、裁切几种模式。

1. 联合

选择"联合"选项，可以将舞台中的图形进行组合，两个图形变为一个整体，如图 2-62 所示。

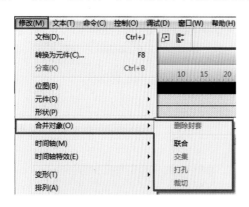

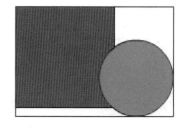

图2-61　合并对象　　　　　　　　　　　　　图2-62　联合

2. 交集

当两个对象有相互覆盖的情况时，选择"交集"选项可以对两个椭圆进行裁剪，舞台中留下的是两个对象的相交部分，如图 2-63 所示。

3. 打孔

打孔选项类似于咬合，当上方对象和下方对象处于舞台中时，选择"打孔"选项，上方对象将咬合下方对象相交部位，保留下方对象其余部分，如图 2-64 所示。

4. 裁切

当两个对象有相互覆盖的情况时，选择"裁切"选项，可以对两个对象进行裁剪，舞台中留下的是两个对象的相交部分，以下方图像为主。这里所讲的裁切和交集类似，区别在于交集是保留上方对象，裁切是保留下方对象，如图 2-65 所示。

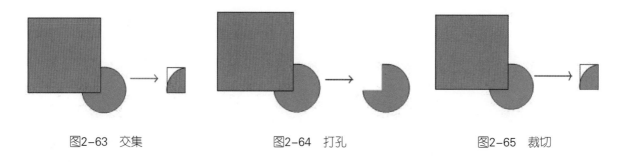

图2-63　交集　　　　　　　　　图2-64　打孔　　　　　　　　　图2-65　裁切

2.5　实例：绘制动画角色

2.5.1　线条处理

在绘制动画角色时，首先要理清思路，不要急于一次成功，要不断修改完善，最后再进行线条的处理。首先，运用画笔工具进行初稿绘制，如图 2-66 所示。然后根据需要对线条进行处理，运用钢笔工具和线条工具组合进行描线，如图 2-67 所示。

图2-66　草图绘制

图2-67　完整描线

2.5.2　填充上色

运用颜料桶工具为绘制对象上色时，因为填充工具对颜色封闭范围有要求，所以在填充前要检查线条是否闭合。检查的方法是，单击图层上显示图层轮廓的按钮，显示所有线之间的连接点是否均闭合，如图 2-68 所示。最后用颜料桶工具上色，效果如图 2-69 所示。

图2-68　显示轮廓

图2-69　填充上色

2.5.3　阴影处理

阴影能为你的作品增加层次感。首先全选角色，按 Alt 键进行复制，按 F8 键新建元件，如图 2-70 所示。在属性面板的颜色选项下拉列表中，单击"亮度"选项，把右侧的百分比调制成 −100％，如图 2-71 所示。

图2-70 新建元件

图2-71 设置选项

最后运用任意变形工具进行调整，最终实现阴影效果如图 2-72 所示。

图2-72 最终阴影效果

3.1 Flash动画基础

在 Flash 动画中，连续的画面是建立在各个图层的每一帧中，一幅完整的动画实际上是由许多不同的帧组成的。动画播放时就是依次显示每帧内容的画面。一般来说，每秒钟至少包含 24 帧，且帧数越多，画面越连贯。

3.1.1 时间轴

时间轴是 Flash 软件制作动画的基础，它为动画的生成提供了基本条件，同时也为动画提供了编辑功能，如图 3-1 所示。

图3-1 时间轴面板

3.1.2 场景

默认的场景只有一个，在制作动画的过程中，若需要转换另一个主题，则需要创建其他场景，如图 3-2、图 3-3 所示。

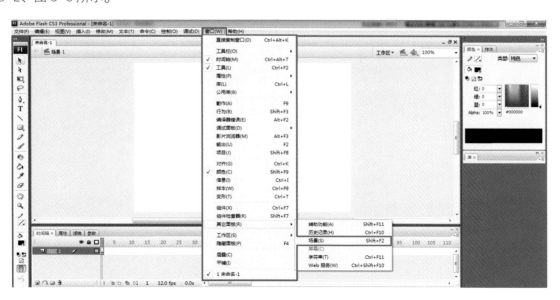

图3-2 打开场景面板

3.1.3　动画元素

动画由场景和角色动画组成，其中场景分为前景、中景、衬景、背景等，角色也可分为人物、动物、物体等。

3.1.4　元件与库

元件是一个可以重复使用的小部件，可以独立于主动画进行播放。每一个元件都有独立的时间轴、舞台以及若干图层，它可以是图形，也可以是动画。创建的元件都会储存在库面板中，如图 3-4 所示。

图3-3　场景面板　　　　　　　　图3-4　库面板

3.2　逐帧动画

3.2.1　创建逐帧动画的方法

逐帧动画是一种常见的动画形式，其原理是在"连续的关键帧"中分解动画动作，也就是在时间轴的每帧上逐帧绘制不同的内容，使其连续播放而成动画。

3.2.2　绘图纸

在Flash动画设计中使用绘图纸按钮可以同时显示和编辑多个帧的内容，可以在操作的同时查看帧的运动轨迹，以方便对动画进行调整，如图3-5所示。

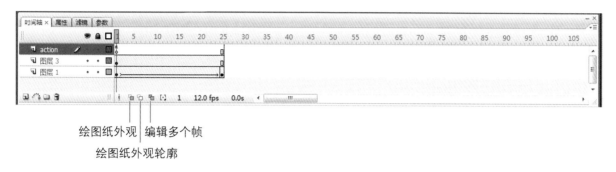

图3-5　时间轴面板中的绘图纸按钮

3.2.3　实例1：制作霓虹灯效果

制作霓虹灯效果的具体步骤如下。

（1）新建一个文件，使用文本工具输入"霓虹灯效果"，设置字体为"隶书"、大小为"96"、颜色为"黑色"、字形为"加粗"，居中，如图3-6所示。

图3-6　输入字体

(2) 选择"霓虹灯效果",单击"修改→分离"命令,再次单击"修改→分离"命令,将文本属性变为形状属性,如图3-7所示。

图3-7　将文本属性变为形状属性

(3) 选择铅笔工具将铅笔模式设置为平滑,在舞台中绘制一条紫色波浪线,如图3-8所示。

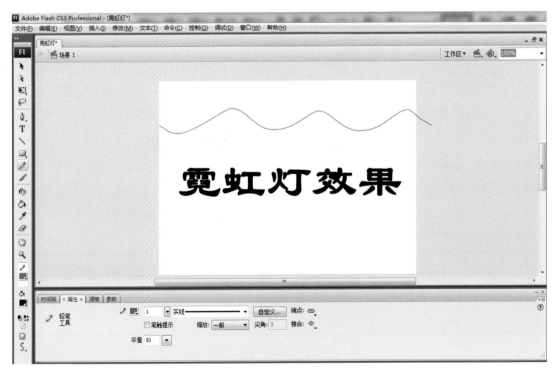

图3-8　绘制一条波浪线

（4）选择这条紫色波浪线并复制后放置于"霓虹灯效果"上，如图 3-9 所示。

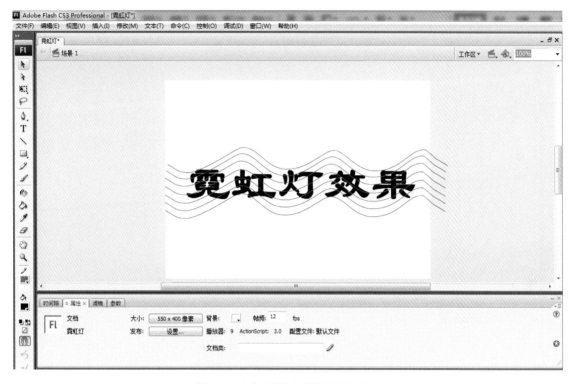

图3-9 复制并将波浪线放置于字上

（5）使用颜料桶工具将颜色调整为红、蓝两色，如图 3-10 所示。

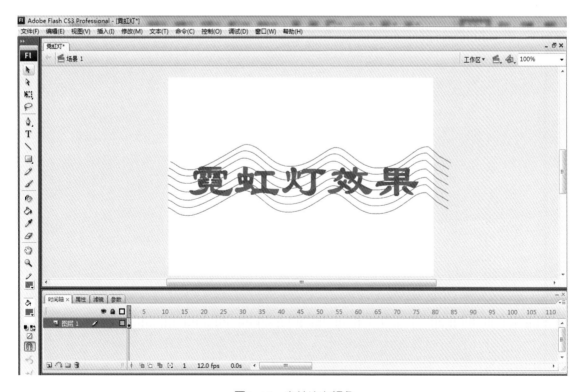

图3-10 交替填充颜色

(6) 在时间轴中第 4 帧插入关键帧，将原本的红色区域与蓝色区域对调，如图 3-11 所示。

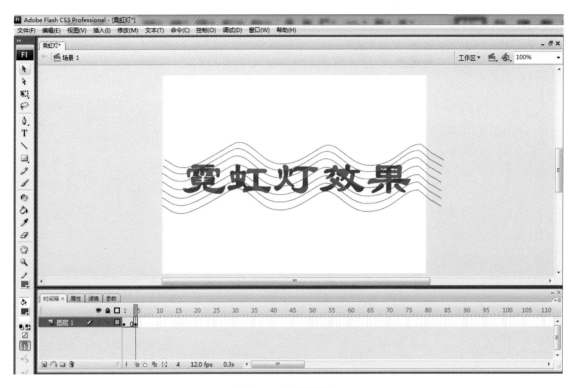

图3-11　对调颜色

(7) 将时间轴第 1 帧和第 4 帧的线条删除，如图 3-12 所示。

图3-12　删除线条

(8) 单击时间轴第6帧右击插入关键帧，如图3-13所示。

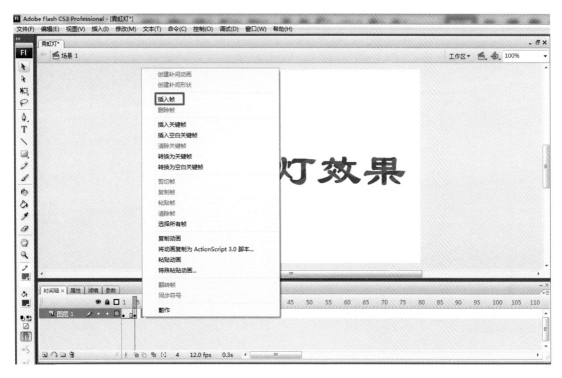

图3-13 插入帧

3.2.4 实例2：制作打字效果

制作打字效果的具体操作如下。

(1) 新建一个文件，使用文本工具输入一下划线，如图3-14所示。

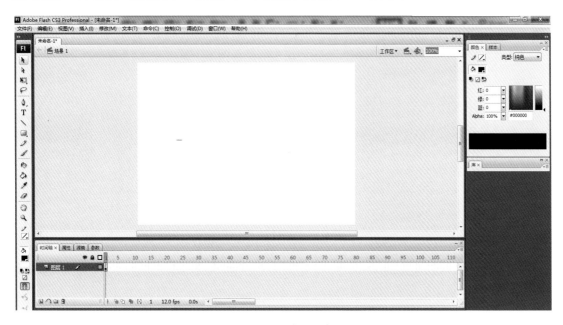

图3-14 输入文本

（2）在时间轴上第 2 帧处右击，在弹出的菜单中单击插入关键帧，如图 3-15 所示。再次使用文本工具将文本工具中的下划线删除，换成"欢"字，如图 3-16 所示。

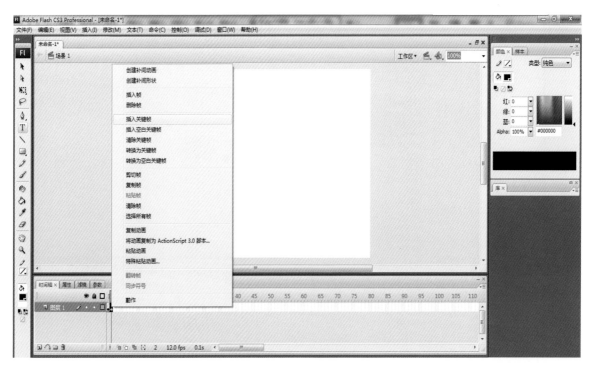

图3-15　插入关键帧

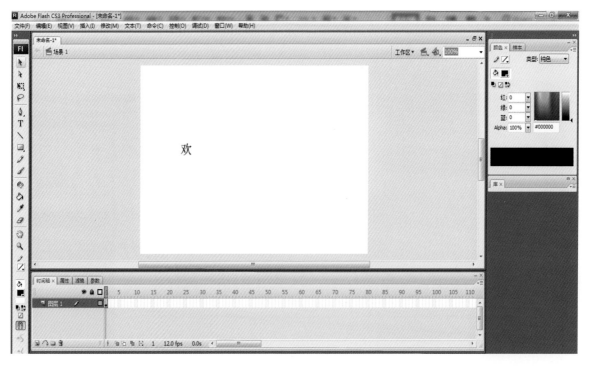

图3-16　更换文字1

(3) 在时间轴上第 3 帧处右击,在弹出的菜单中单击插入关键帧。在"欢"字后面再次添加下划线,如图 3-17 所示。

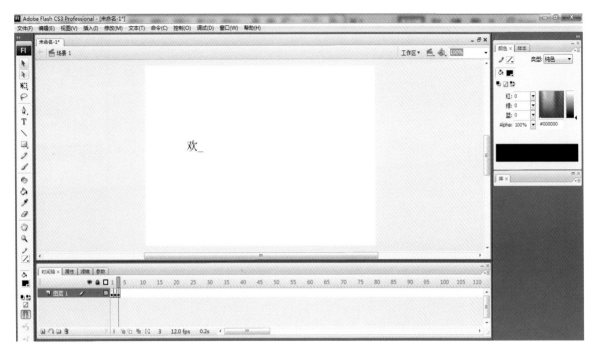

图3-17 输入下划线1

(4) 在时间轴上第 4 帧处右击,在弹出的菜单中单击插入关键帧。在"欢"字后面删除下划线输入"迎"字,如图 3-18 所示。

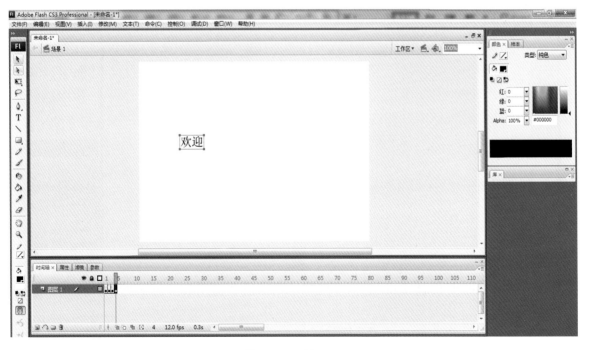

图3-18 更换文字2

（5）在时间轴上第5帧处右击，在弹出的菜单中单击插入关键帧。在"欢迎"后面再次添加下划线，如图3-19所示。

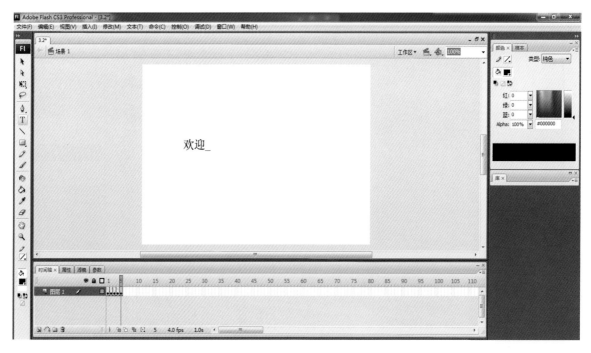

图3-19　输入下划线2

（6）在时间轴上第6帧处右击，在弹出的菜单中单击插入关键帧。在"欢迎"后面删除下划线输入"使"字，如图3-20所示。

图3-20　更换文字3

(7) 在时间轴上第 7 帧处右击，在弹出的菜单中单击插入关键帧。在"欢迎使"后面再次添加下划线，如图 3-21 所示。

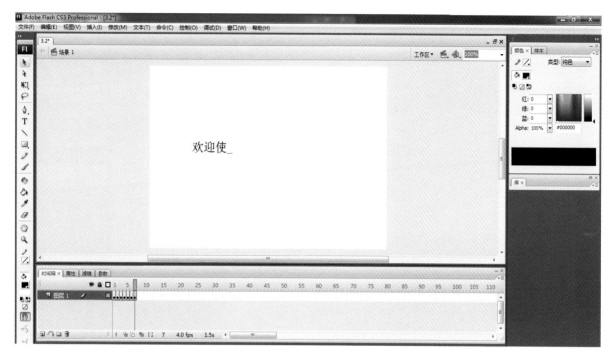

图3-21　输入下划线3

(8) 在时间轴上第 8 帧处右击，在弹出的菜单中单击插入关键帧。在"欢迎使"后面删除下划线输入"用"字，如图 3-22 所示。

图3-22　更换文字4

(9) 在时间轴上第 9 帧处右击，在弹出的菜单中单击插入关键帧。在"欢迎使用"后面再次添加下划线，如图 3-23 所示。

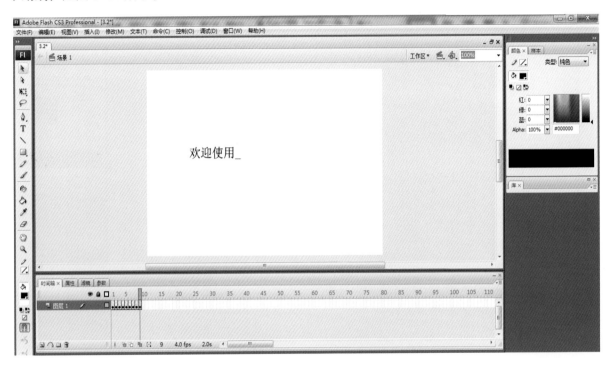

图3-23　输入下划线4

(10) 在时间轴上第 9 帧处右击，在"欢迎使用"后面再次添加下划线，第 10 帧处插入空白帧，如图 3-24 所示。

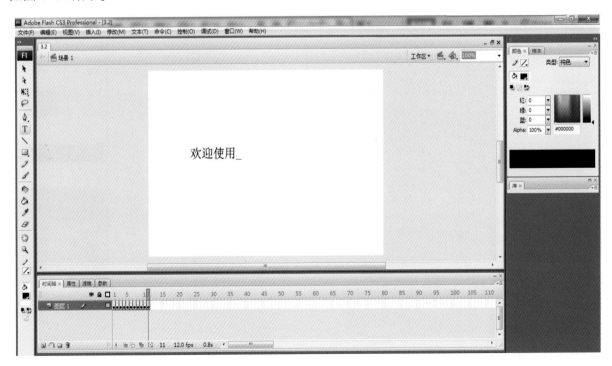

图3-24　输入下划线5

3.3 形状补间动画

若要实现一个图形或文字变为另一个图形或文字的动画效果，就需要用到形状补间动画。

3.3.1 形状补间动画基础

先为一个关键帧中的对象设置其形状属性,然后在后续的关键帧中修改对象形状或重新绘制对象,最后在两个关键帧之间创建形状动画,这就是形状补间动画的创建过程。

3.3.2 形状补间动画的属性设置

形状补间动画的属性面板与动作补间动画的属性面板类似,各选项含义也相同,只是在形状补间动画的属性面板中出现了"混合"选项,该选项的下拉列表中又包含两个子选项:一是"分布式",它能使中间帧的形状过渡得更加随意;二是"角形",它能使中间帧的形状保持关键帧上图形的棱角,此模式只适用于有尖锐棱角的图形变换,否则Flash会自动将此模式变回"分布式"模式,如图3-25所示。

图3-25 形状变形属性面板

3.3.3 实例1：制作开花效果

制作开花效果的具体操作如下。

(1)新建一个文件，使用椭圆工具绘制一个椭圆，将笔触颜色设置为无，填充色设置为渐变，如图3-26所示。

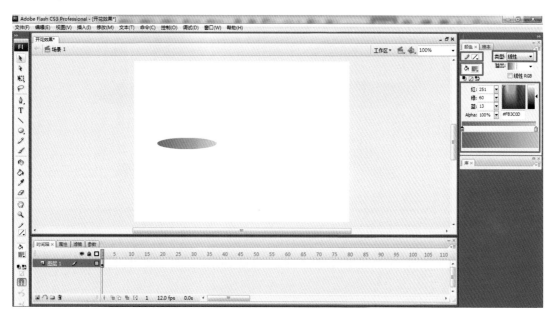

图3-26 绘制渐变椭圆形

(2) 使用任意变形工具将中心点移动到椭圆形的一端，然后打开变形面板将旋转设置为 30 度，单击复制并应用变形 11 次，绘制出花瓣，如图 3-27 所示。

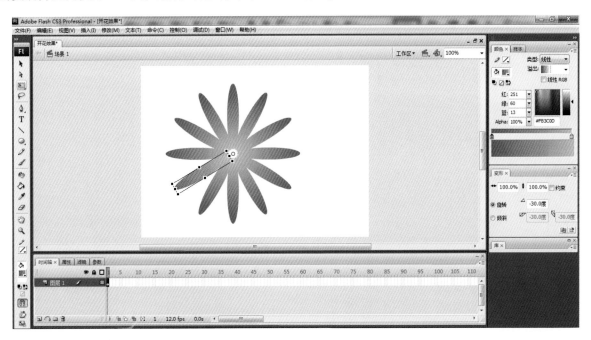

图3-27   使用变形面板绘制花瓣

(3) 在花瓣中心使用椭圆工具将填充类型设置为绘制花蕊第一个锚点颜色和第二个锚点颜色，如图 3-28 所示。

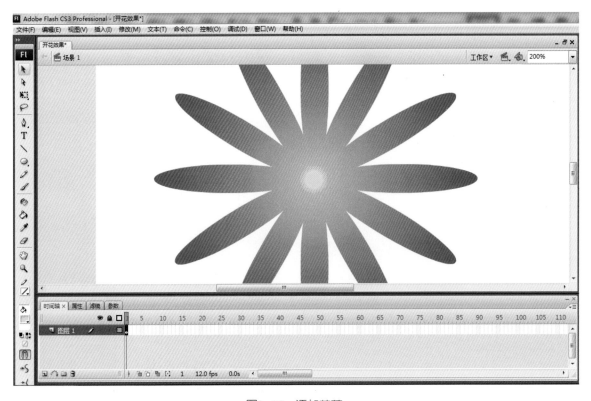

图3-28   添加花蕊

(4) 在第 25 帧处右击，在弹出的快捷菜单中单击插入关键帧，如图 3-29 所示。

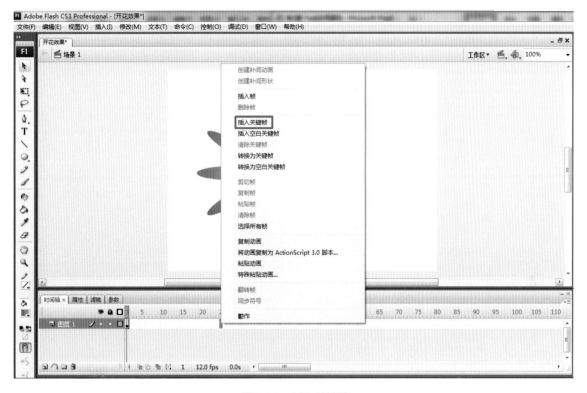

图3-29　插入关键帧

(5) 删除第 1 帧中的花瓣只留下花蕊，如图 3-30 所示。

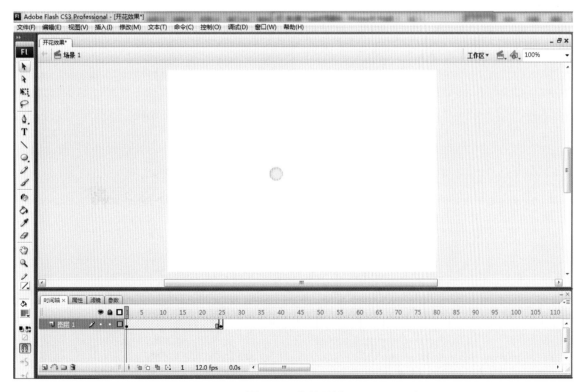

图3-30　删除花瓣

（6）在时间轴中第 25 帧前的任意一帧上右击，在弹出的快捷菜单中单击创建补间形状，完成补间动画制作，如图 3-31 所示。

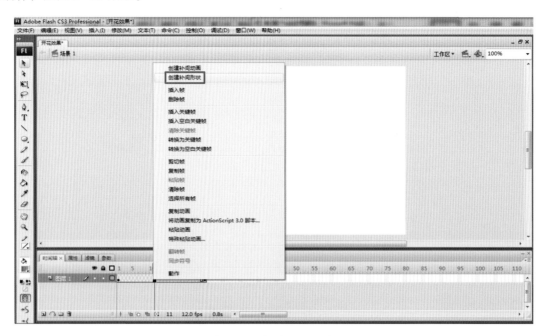

图3-31　创建补间形状

3.3.4 实例2：制作字体变换效果

制作字体变换效果的具体操作如下。

（1）新建一个文件，使用文本工具输入大写字母 X，设置字体为"黑体"、大小为"150"、颜色为"绿色"、字形为"加粗"，居中，如图 3-32 所示。

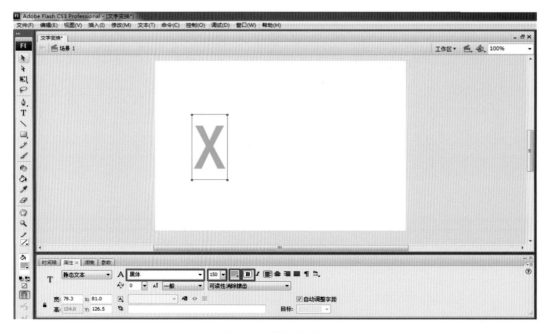

图3-32　输入字母X

(2) 选中舞台中的字母 X 单击"修改→分离"命令将其文本属性变为形状属性，如图 3-33 所示。

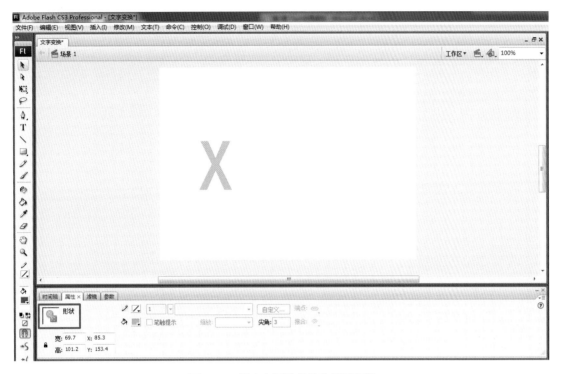

图3-33　将文本属性转化为形状属性

(3) 在第 25 帧插入空白关键帧，输入大写字母 Y，设置字体为"黑体"、大小为"150"、颜色为"红色"、字形为"加粗"，如图 3-34 所示。

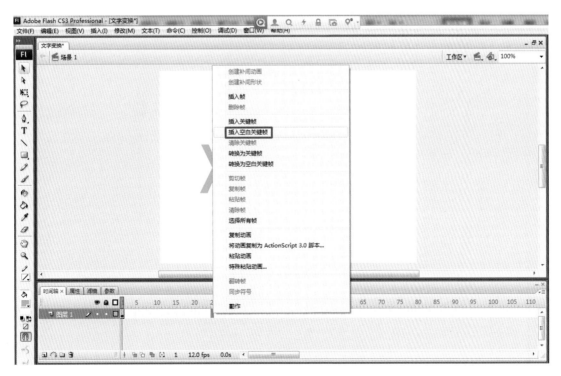

图3-34　插入空白关键帧

(4) 在舞台中使用文本工具输入字母 Y，并单击"修改→分离"命令将文本文档属性变为形状属性，如图 3-35 所示。

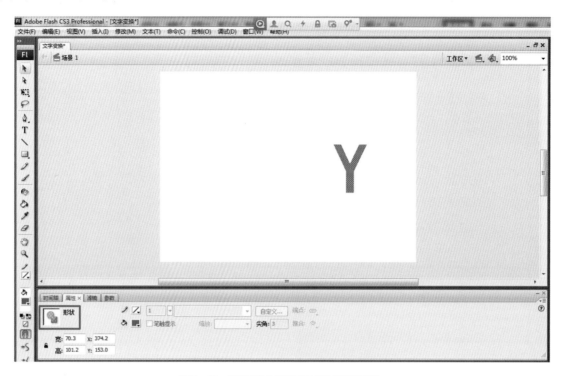

图3-35　将文本文档属性变为形状属性

(5) 在第 1~24 帧中的任意一帧右击，选择"创建补间形状"选项，完成补间动画制作，如图 3-36 所示。

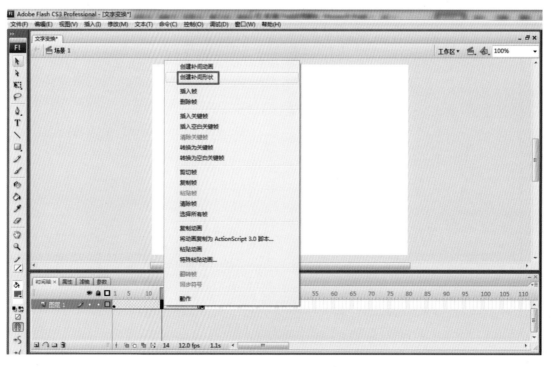

图3-36　创建补间形状

(6) 单击时间轴第 1 帧，添加五个形状提示（a、b、c、d、e），如图 3-37 所示。

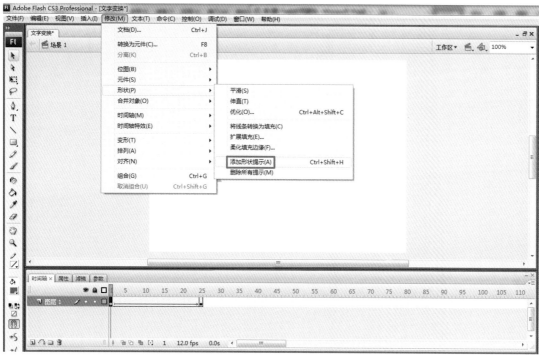

图3-37　为补间形状添加形状提示

(7) 将形状提示锚点按图 3-38 所示排列。

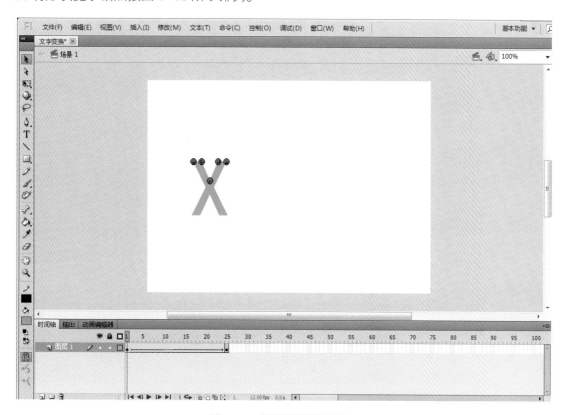

图3-38　移动形状提示锚点1

(8) 单击第 25 帧，将形状提示锚点按图 3-39 所示放置。

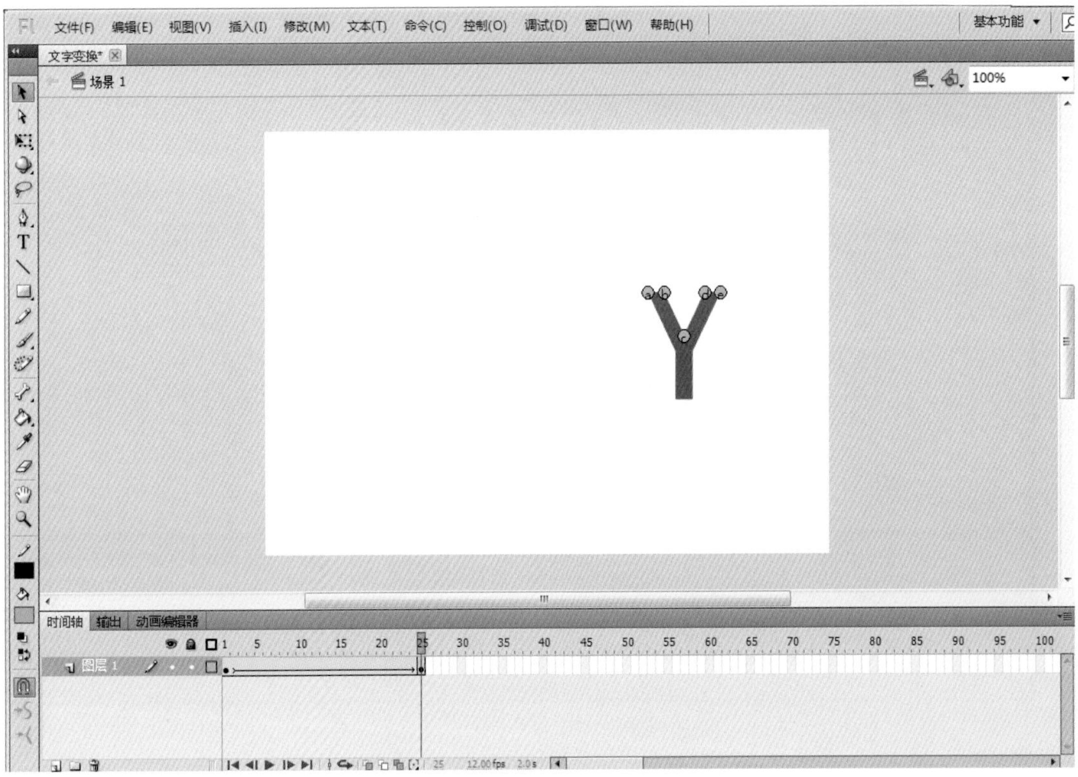

图3-39　移动形状提示锚点2

3.4　动作补间动画

3.4.1　动作补间动画基础

　　补间动画是 Flash 动画的特色所在，补间动画是指一个对象在两个关键帧上分别定义了不同的属性，如对象的大小、颜色、旋转度及位置变化等，然后需在两个关键帧之间的同一图层的首、尾帧中建立动画的第一个页面和最后一个页面。

3.4.2　动作补间动画的属性设置

　　在时间轴面板中选取要创建补间动画的帧，打开属性面板，该面板现在显示的是创建动画所需要设置的属性值，如图 3-40 所示。

图3-40　动作补间动画属性

(1) 帧：用于输入帧的标签名。

(2) 补间：单击补间下拉列表框，从中选择一种补间模式来制作动画。其各选项的含义如下。

　　无：表示不创建动画。

　　动画：此项创建的是动作补间动画。

　　形状：用于创建形状补间动画。

(3) 声音：导入外部声音后，用于选择播放的声音文件。

(4) 效果：设置选择播放的声音文件的效果，如左声道、右声道、淡入、淡出等。

(5) 同步：用于设置动画和时间轴的关系。

3.4.3　实例1：制作篮球滚动效果

制作篮球滚动效果的具体操作如下。

(1) 绘制一个篮球，使用任意变形工具将篮球适当缩小放置于舞台的左边，如图 3-41 所示。

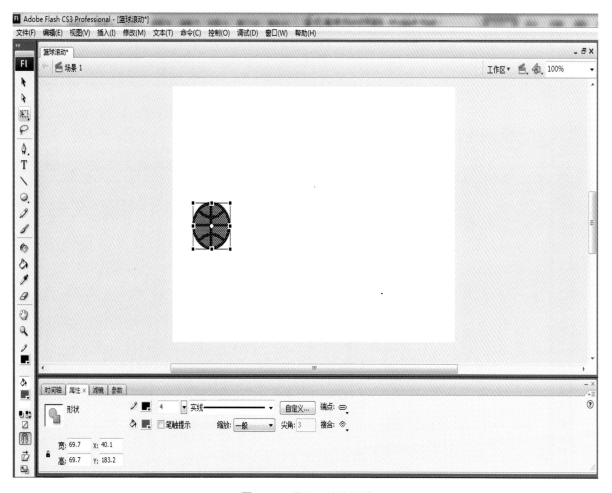

图3-41　移动、缩放篮球

（2）单击"修改"菜单中的"转换为元件"命令，会打开"转换为元件"窗口，在"名称"文本框中填入篮球，类型选择为"图形"，单击"确定"按钮，如图3-42所示。

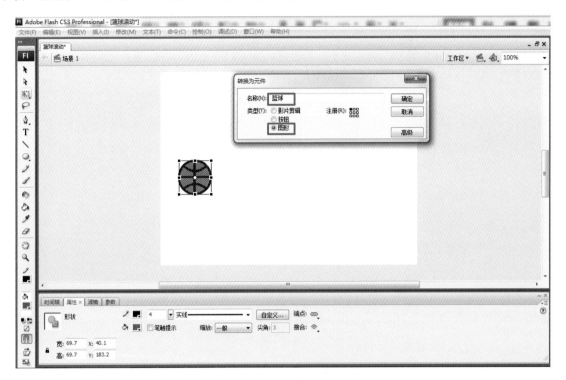

图3-42　将篮球转换为元件

（3）在时间轴面板第25帧右击，在弹出的快捷菜单中单击插入关键帧，如图3-43所示。

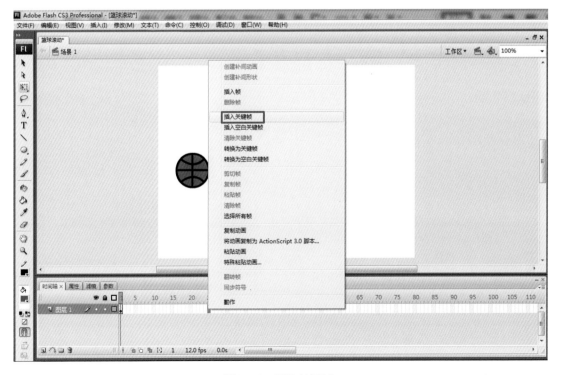

图3-43　插入关键帧

(4) 将第 25 帧处的篮球元件移动至舞台右端，如图 3-44 所示。

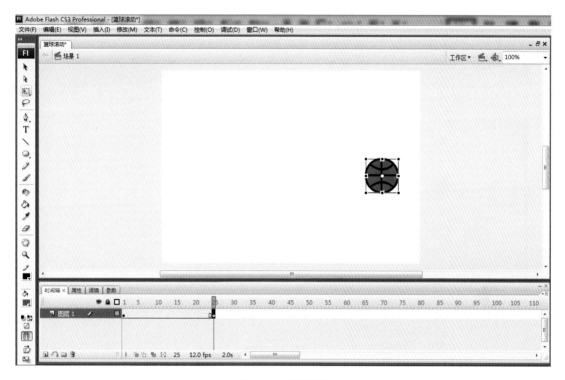

图3-44 移动篮球

(5) 在时间轴面板中第 25 帧前的任意一帧上右击，在弹出面板中单击"创建补间动画"，如图 3-45 所示。

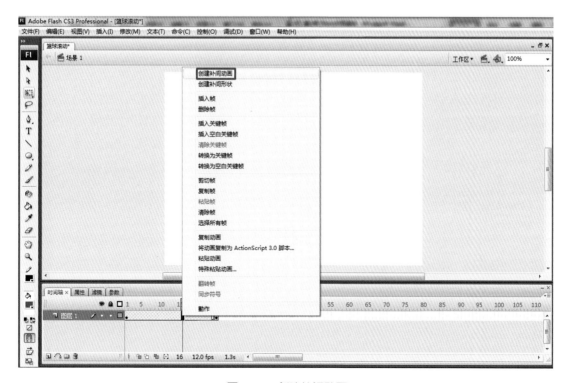

图3-45 创建补间动画

(6) 选择第 25 帧前的任意一帧,在属性面板中将旋转选项设置为顺时针,如图 3-46 所示。

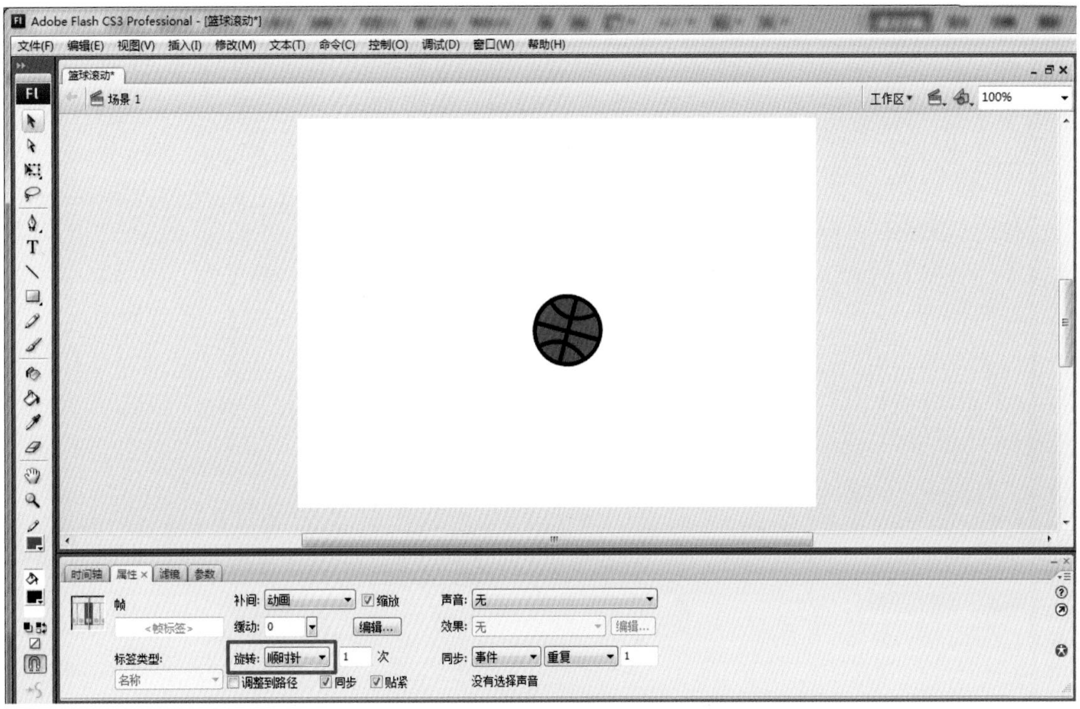

图3-46　设置补间动画属性

3.5　遮罩动画

3.5.1　遮罩动画的概念

遮罩动画的原理就好比制作一个小孔,通过这个小孔,浏览的人可以看到小孔后面的内容。这个小孔可以是一个静态的形状、文本对象或元件,也可以是一个动态的电影片段,可以将多个对象组合在一起,分别放在多个图层中并将这些对象放在小孔后方,从而创建更为复杂的动画效果。

遮罩动画常用于创建类似于放大镜、突出主题、逐渐显示或隐藏等效果的动画。若文字上方有一个遮照层,则文字为被遮照层,当遮照层中绘制的图形移动后覆盖住文字时,文字就会随之呈现出来。

3.5.2　创建遮罩层

创建遮罩层的方法有两种,即利用"图层属性"对话框创建遮罩层与通过菜单创建遮罩层。

利用"图层属性"对话框创建遮罩层的具体步骤:选中包含遮罩对象的图层,在该图层的图标上双击,打开图层属性面板,然后在"类型"选项组中选择"遮罩层"单选按钮,单击"确定"按钮。再选中被遮罩的图层,打开此图层的图层属性面板,在"类型"选项组中选择"被遮罩"单选按钮,单击"确定"按钮即可。

通过菜单创建遮罩层的具体操作步骤:在包含遮罩对象的图层上右击,在弹出的快捷菜单中单击"遮罩层"命令即可。

3.5.3 实例1：制作探照灯效果

制作探照灯效果的具体操作如下。

(1) 新建一个文件，单击"文件→导入→导入到舞台"命令，找到一张风景图片，导入到舞台中，如图 3-47 所示。

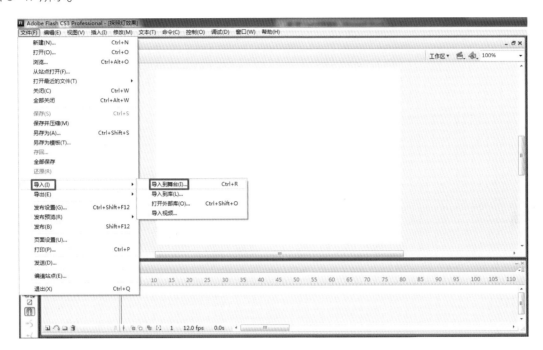

图3-47 导入图片

(2) 使用任意变形工具，单击舞台中的画面并将属性修改为与舞台同等大小，即 X=0、Y=0，如图 3-48 所示。

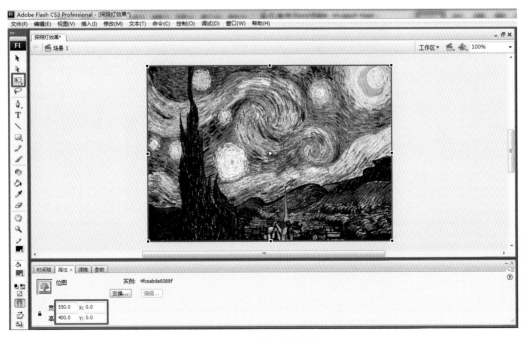

图3-48 设置图片属性

(3) 单击"修改→文档"命令，在弹出的文件属性中将背景颜色修改为黑色，如图 3-49 所示。

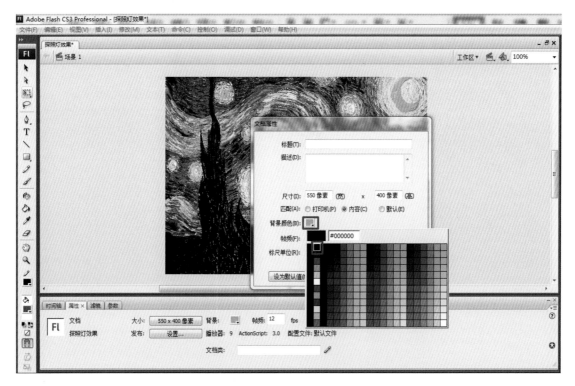

图3-49 设置文档背景色

(4) 单击时间轴，在第 40 帧处单击插入帧，如图 3-50 所示。

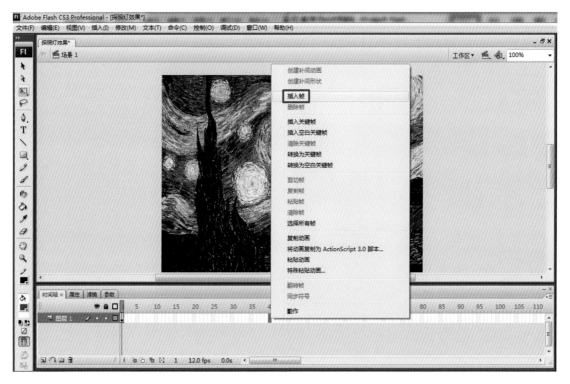

图3-50 在第40帧处插入帧

(5) 新建一个空白图层，在空白图层中使用椭圆工具绘制一个圆形，如图 3-51 所示。

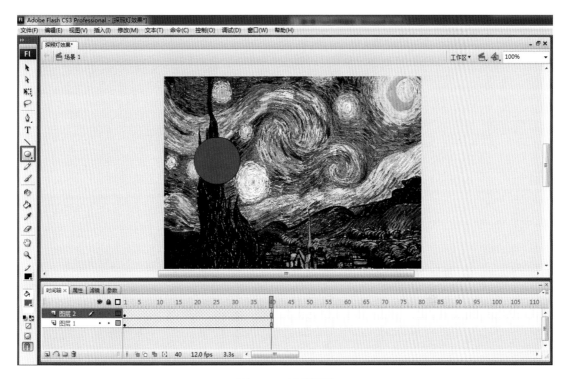

图3-51 绘制圆形

(6) 选择圆形，单击"修改转换为元件"命令，在转换为元件面板中将名称设置为"遮罩"，类型选择为"图形"，如图 3-52 所示。

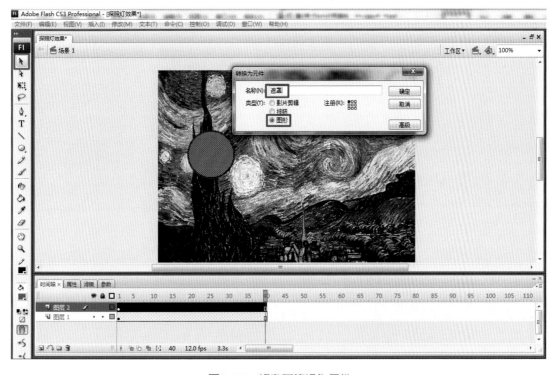

图3-52 将椭圆转换为元件

(7) 在第 25 帧处右击，选择插入关键帧选项并插入关键帧，如图 3-53 所示。

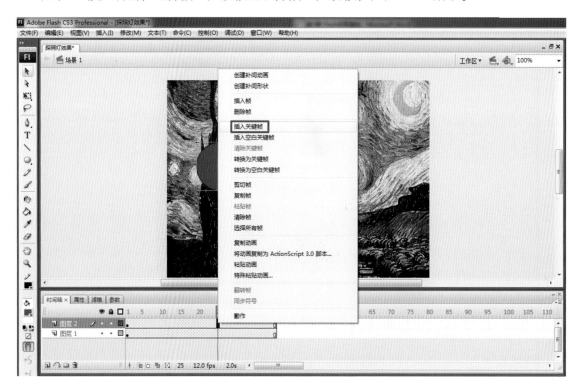

图3-53　在第25帧处插入关键帧

(8) 将元件移动到图 3-54 所示的右下角位置。

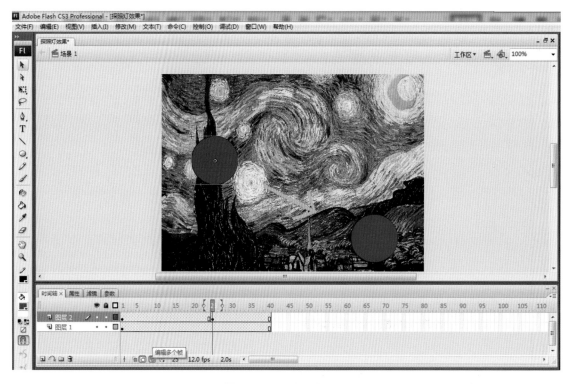

图3-54　移动元件位置

(9) 在第 40 帧处右击，选择插入关键帧选项并插入关键帧，如图 3-55 所示。

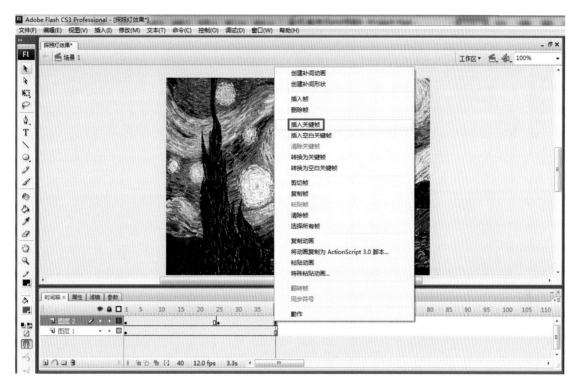

图3-55　在第40帧处插入关键帧

(10) 使用任意变形工具将遮罩元件放大到可以覆盖住整个舞台，如图 3-56 所示。

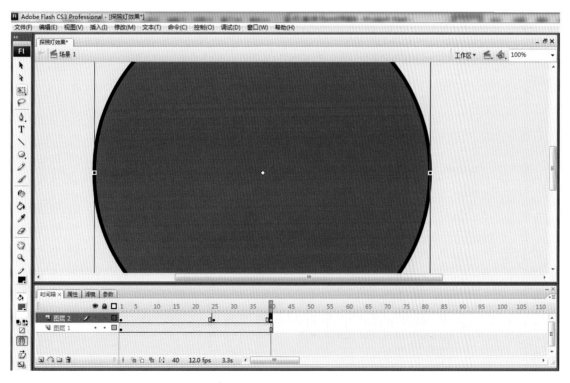

图3-56　放大遮罩元件

（11）在第25帧之前任意一帧右击，在弹出的菜单中选择创建补间动画，然后在第40帧之前任意一帧右击，在弹出的菜单中选择创建补间动画，生成动画效果，如图3-57所示。

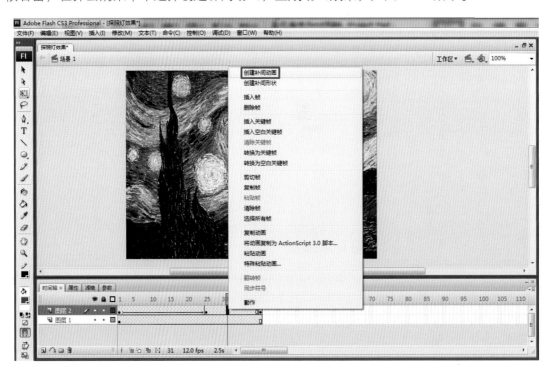

图3-57　创建补间动画

（12）在时间轴面板的图层2上右击，在弹出的菜单中选择遮罩，将图层设置为遮罩层，如图3-58所示。

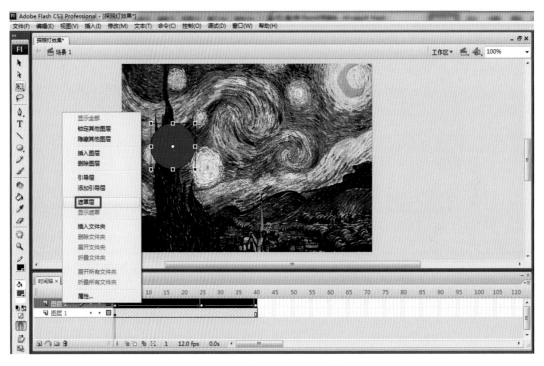

图3-58　转换为遮罩层

3.5.4 实例2：制作放大镜效果

制作放大镜效果的具体操作如下。

（1）新建一个文件，单击"修改→文档"命令，将文件属性中的背景颜色设置为黑色，如图 3-59 所示。

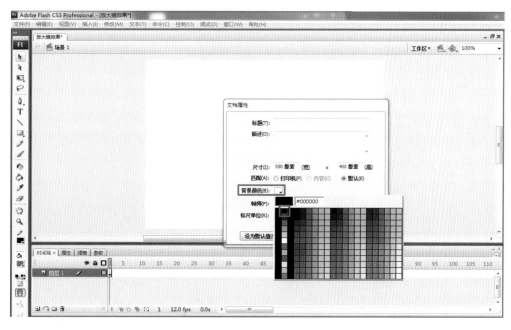

图3-59 设置文档背景颜色

（2）使用文本工具将属性中的字体设置为"楷体"、字体大小为"44"、文本填充颜色为红色、字形为加粗，在舞台中输入"欢迎使用 flash"，如图 3-60 所示。

图3-60 使用文本工具输入文字

(3) 在时间轴面板图层 1 的第 50 帧处右击,在弹出的快捷菜单中单击插入帧选项,如图 3-61 所示。

图3-61 在第50帧处插入帧

(4) 在时间轴面板中新建一个图层 2,在图层 2 中使用矩形工具在"欢迎使用 flash"的正上方绘制一个长方形,笔触颜色设置为红色,填充颜色设置为黑色,如图 3-62 所示。

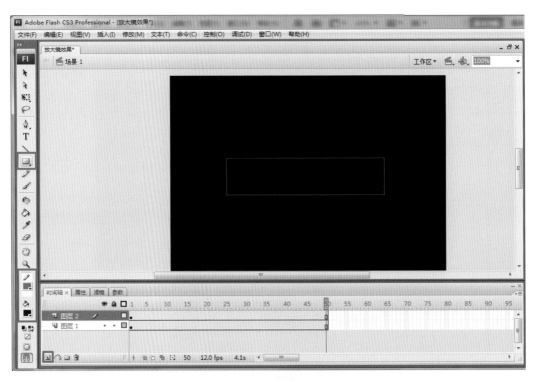

图3-62 绘制长方形

（5）使用文本工具在矩形正上方将属性中的字体设置为"楷体"、字号为"48"、文本填充颜色为红色、字形为加粗，在舞台中输入"欢迎使用flash"，如图3-63所示。

图3-63 在矩形正上方输入文本文字

（6）在时间轴面板中新建一个图层3，在图层3中使用椭圆工具在舞台的左边绘制一个比单个字体略大的圆形，如图3-64所示。

图3-64 新建图层绘制椭圆

（7）使用选择工具绘制圆形，单击"修改→转换为元件"命令，在转换为元件面板中将名称设置为"遮罩"，类型选择为"图形"，如图3-65所示。

图3-65　将椭圆转换为元件

（8）在时间轴面板中图层3第50帧处右击，在弹出的快捷菜单中单击插入关键帧，如图3-66所示。

图3-66　在第50帧处插入关键帧

（9）使用选择工具将遮罩元件移动到舞台的右边，如图 3-67 所示。

图3-67 移动椭圆

（10）在第 50 帧前的任意一帧右击，在弹出的快捷菜单中单击创建补间动画命令创建动画效果，如图 3-68 所示。

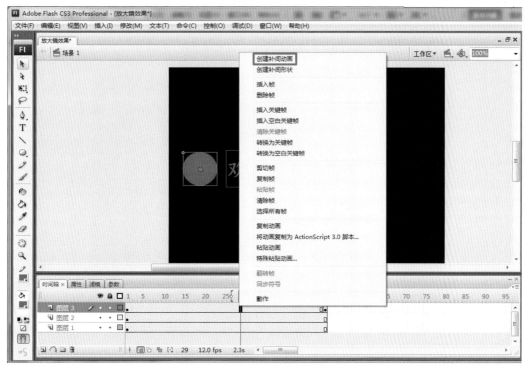

图3-68 创建补间动画

（11）在时间轴面板中右键单击图层 3，在弹出的快捷菜单中单击遮罩层命令，创建遮罩层，如图 3-69 所示。

图3-69　转换为遮罩层

（12）单击图层 2 后面的图层锁定按钮，解除图层锁定，使用选择工具选择红色的矩形轮廓线，单击 "Delete" 键删除轮廓线，如图 3-70 所示。

图3-70　解除图层2的锁定

3.6　引导路径动画

3.6.1　创建引导路径动画的方法

创建引导层的方法有三种：通过按钮 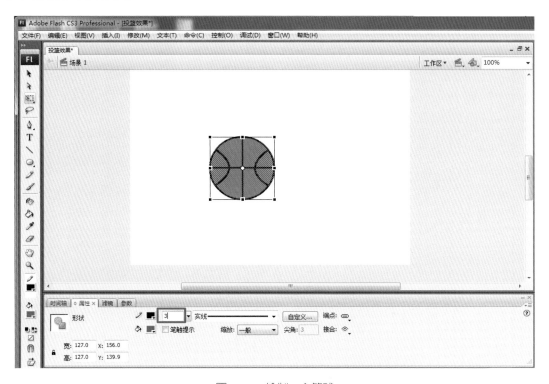 创建引导层、利用菜单命令创建引导层、将已有图层变为引导层。

1. 通过按钮 创建引导层

单击时间轴面板左下角的按钮 ，即可在当前选定图层之上创建一个新的引导层，并在选定图层与新建的引导层之间建立链接关系，以前的选定图层变为被引导层。

2. 利用菜单命令创建引导层

在要创建引导层的图层上右击，从弹出的快捷菜单中单击"添加引导层"命令，即可在该图层上方创建一个与其链接的引导层，该图层变为被引导层。

3. 将已有图层变为引导层

制作引导层动画即可创建新的引导层，然后在引导层中绘制运动路径；也可以将已经绘制好路径的图层转换为引导层。

3.6.2　实例1：制作篮球落地效果

制作篮球落地效果的具体操作如下。

（1）新建一个文件，在舞台中使用椭圆工具和线条工具绘制一个篮球，将篮球中的笔触高度设置为"3"，如图3-71所示。

图3-71　绘制一个篮球

(2) 选择篮球，单击"修改→转换为元件"命令，将名称设置为"篮球"，类型选择为"图形"，并将篮球元件缩小放于舞台左下方，如图 3-72 所示。

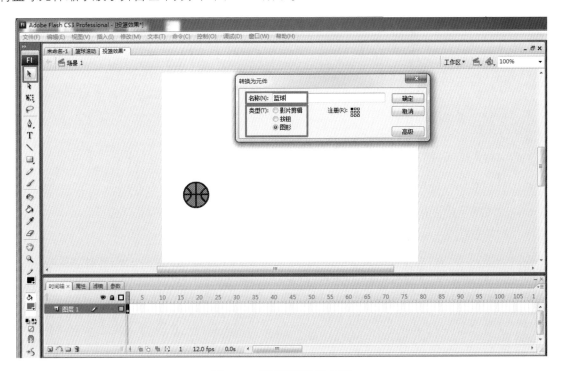

图3-72　将篮球转换为元件

(3) 新建一个图层 2，在图层中使用线条工具在篮球的底部绘制一平行线条作为篮球运动的地面。在图层 1 的第 50 帧右击，在弹出的快捷菜单中单击"插入关键帧"命令，如图 3-73 所示。

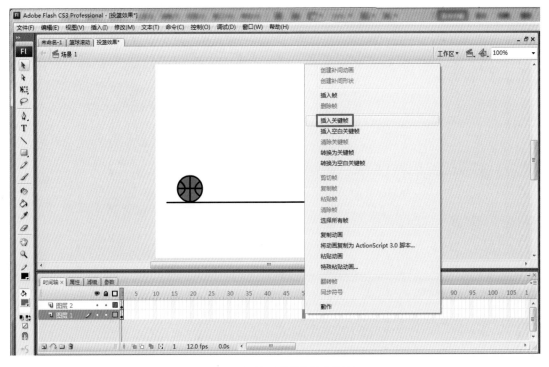

图3-73　在第50帧处插入关键帧

(4) 将第 50 帧处的篮球元件移动到舞台右下方，如图 3-74 所示。

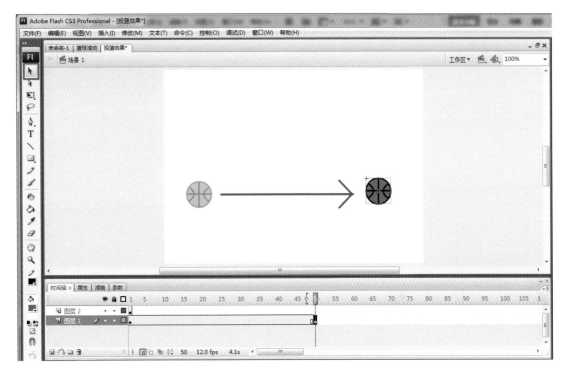

图3-74　移动篮球元件

　(5) 在图层 1 的第 50 帧前任意一帧右击，在弹出的快捷菜单中单击"创建补间动画"命令，如图 3-75 所示。

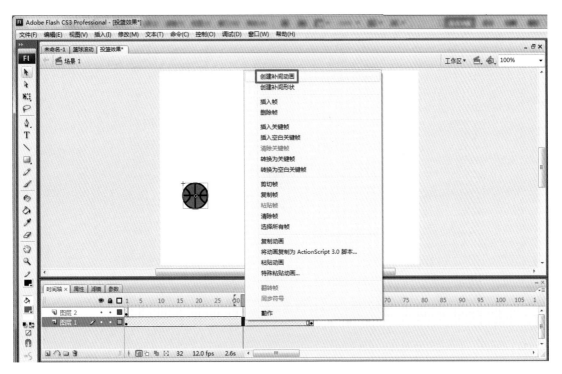

图3-75　创建补间动画

(6) 右击图层 2 第 50 帧，在弹出的快捷菜单中单击"插入帧"命令，如图 3-76 所示。

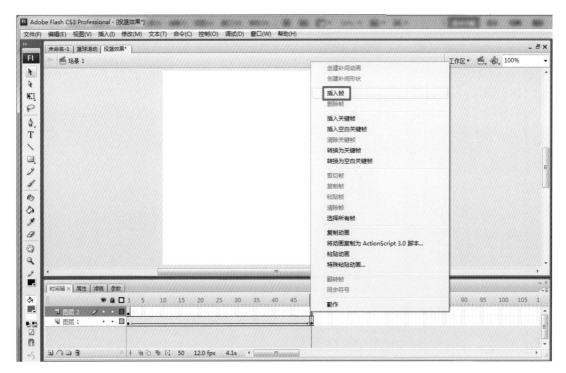

图3-76　插入帧

(7) 右击图层 1 的名称，在弹出的快捷菜单中单击"添加引导层"命令，如图 3-77 所示。

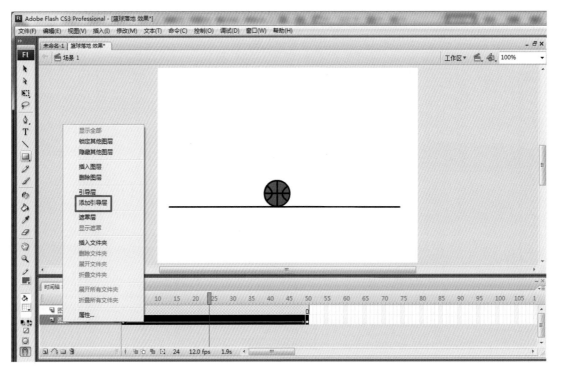

图3-77　添加引导层

(8) 在新建的引导层中使用直线工具和选择工具以图层 1 第 1 帧中篮球的中心点为起始点，以第 50 帧中篮球的中心点为结束点绘制一条波浪线，如图 3-78 所示。

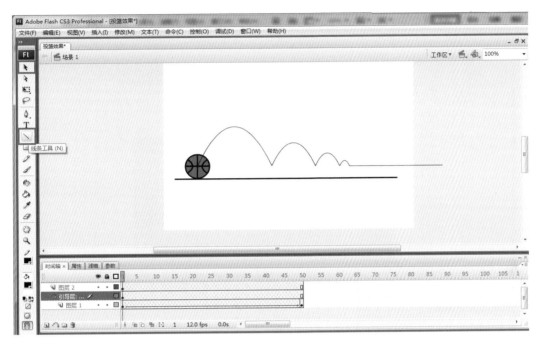

图3-78 绘制波浪线

3.6.3 实例2：制作雪花飘落效果

制作雪花飘落效果的具体操作如下。

(1) 新建一个文件，单击"修改→文档"命令，将文件属性中的背景颜色设置为黑色，如图 3-79 所示。

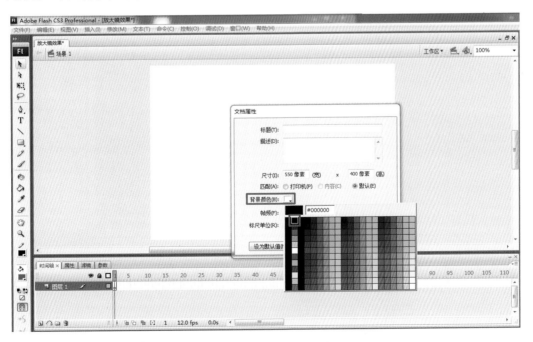

图3-79 设置文档背景色

（2）单击"插入→新建元件"命令，在弹出的"创建新元件"窗口中将名称设置为"雪花飘落"，类型选择"影片剪辑"，如图 3-80 所示。

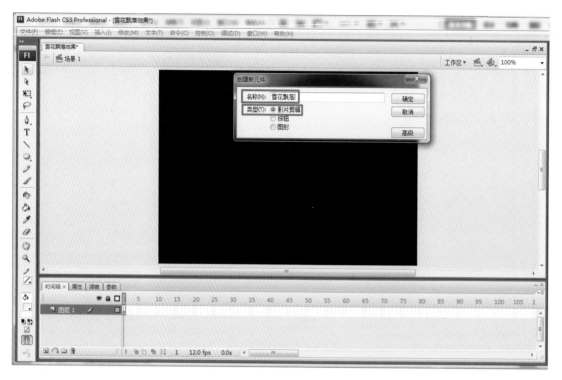

图3-80　新建元件

（3）在雪花飘落影片剪辑中使用椭圆工具将笔触颜色设置为无，填充色设置为如图 3-81 所示的颜色面板中选定的颜色，类型设置为"放射状"，左边和右边的锚点均设置为白色，右边的锚点 Alpha 属性值设置为 0%，绘制一个正圆形。

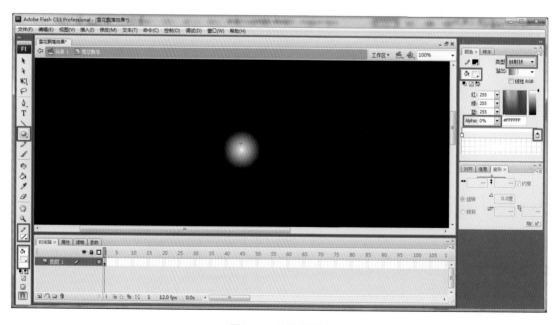

图3-81　制作雪花

(4) 使用选择工具选中绘制的正圆，单击"修改→转换为元件"命令，在"转换为元件"窗口中将名称设置为"雪花"，类型选择"图形"，如图 3-82 所示。

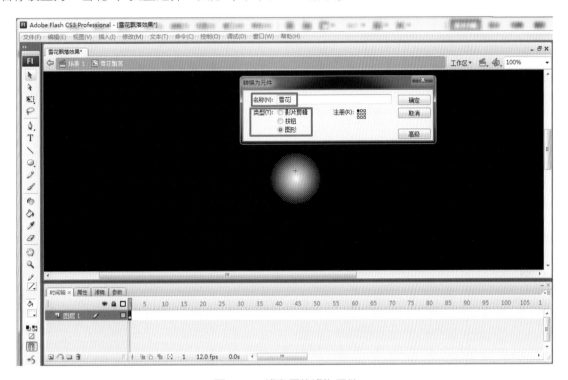

图3-82 将椭圆转换为元件

(5) 在图层 1 字体上右击，在弹出的快捷菜单中单击"添加引导层"命令，如图 3-83 所示。

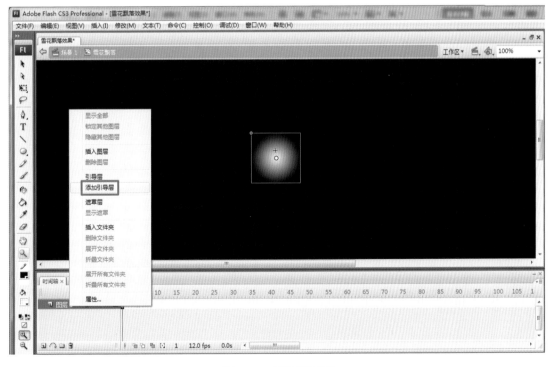

图3-83 添加引导层

(6) 使用铅笔工具将铅笔属性设置为平滑，在舞台中绘制一条较长的平滑曲线，如图 3-84 所示。

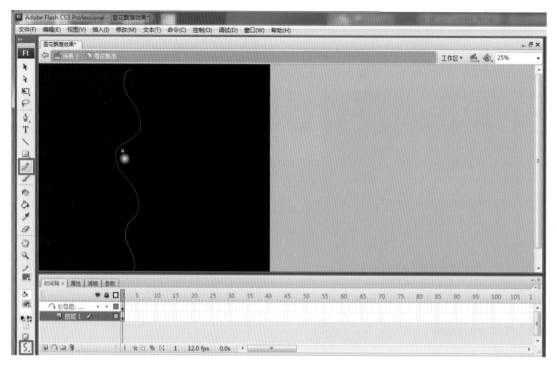

图3-84　绘制平滑曲线

(7) 在时间轴面板中图层 1 的第 120 帧处右击，在弹出的快捷菜单中单击"插入关键帧"命令，如图 3-85 所示。

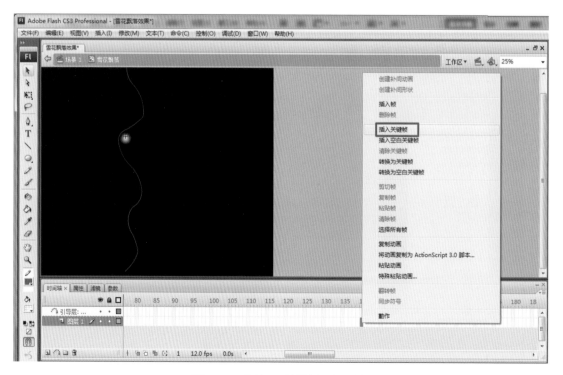

图3-85　在第120帧处插入关键帧

(8) 将图层 1 的第 1 帧中的雪花元件移动至平滑曲线的顶端，如图 3-86 所示。

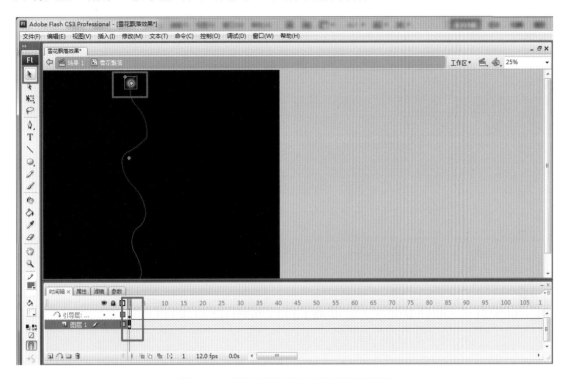

图3-86　移动雪花元件至平滑曲线的顶端

(9) 将图层 1 的第 120 帧中的雪花元件移动至平滑曲线的底端，如图 3-87 所示。

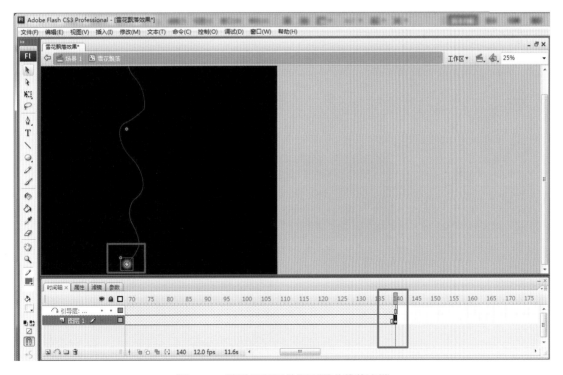

图3-87　移动雪花元件至平滑曲线的底端

（10）选择图层第120帧之前的任意一帧右击，在弹出的快捷菜单中单击"创建补间动画"命令，如图3-88所示。

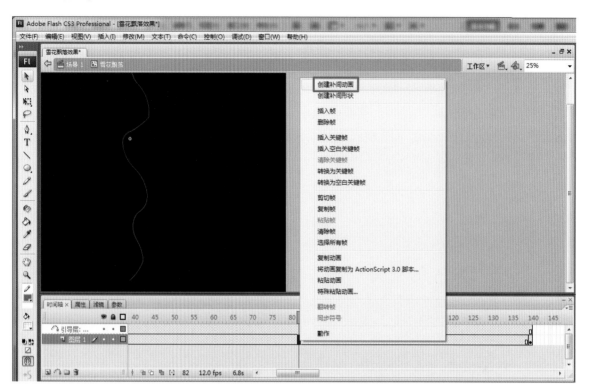

图3-88　创建补间动画

（11）单击舞台左上角的场景1返回场景1，单击"窗口→库"命令，打开库面板，如图3-89所示。

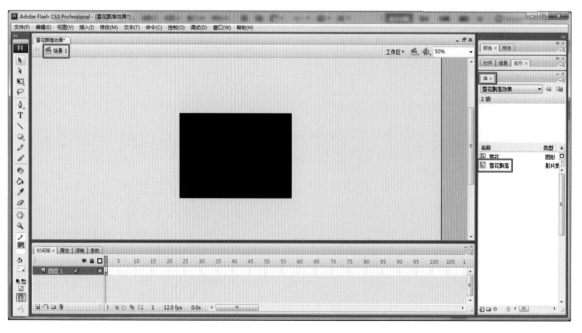

图3-89　返回场景1打开库面板

(12) 在库面板中将雪花飘落元件多次拖动到舞台中，使用任意变形工具水平反转雪花飘落元件，缩小雪花飘落元件，得到如图 3-90 所示效果。

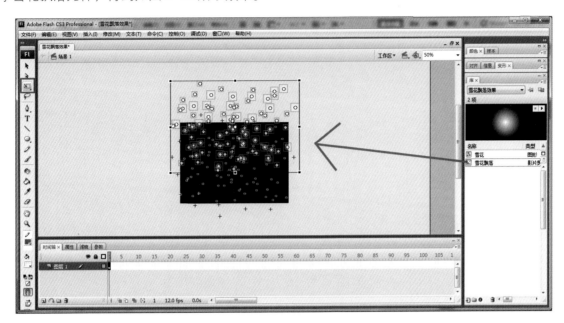

图3-90　放置多个雪花

4.1 文本的输入

文本工具用于在舞台输入文本（快捷键 T），如图 4-1 所示。文本工具的使用与工具栏中其他工具的使用是一样的，创建的文本以文本块的形式显示，用选择工具可以随意调整它在场景中的位置。单击文本工具即可将其激活，激活文本工具后，属性面板中将自动显示文本的各种属性，如字体、字号与颜色等。

图4-1 文本工具

4.2 设置文本属性

单击工具栏中的文本工具或选中文本框，即可显示文本工具属性面板，如图 4-2 所示。文本工具不像打字那么简单，它还包含静态文本、动态文本和输入文本。

图4-2 文本工具属性面板

1. 静态文本

静态文本是最常用的文本形式，作品中基本都使用这一类文本。这一类文本的最终效果取决于影片中的编辑，也就是说，开始设定是怎么样的，最后导出的效果就是怎样的。

2. 动态文本

这一类文本也比较常用，是可更新的一种文本形式，如制作动态时钟可以用到，也可借助代码实现文本的不定时更新。

3. 输入文本

这一类文本可以自己输入文本，如一些填充题较常用到。

4.2.1 文本段落样式

文本段落样式有四种基本模式，即左对齐、居中、右对齐、两端对齐，如图 4-3 所示。

图4-3　段落样式

(1)左对齐：文字段落左对齐。

(2)居中：文字居中对齐。

(3)右对齐：文字段落右对齐。

(4)两端对齐：将文字左、右两端同时对齐。

4.2.2　建立文本超链接

为 Flash 添加超链接的方法有很多种，通过文本工具属性面板可以直接为文字添加超链接。选中文本，在属性面板中的 URL 链接后面的文本框中输入网址，即可为所选文本添加超链接。

4.2.3　文本的间距

勾选"自动调整字距"选项后，就可激活所选文本的字体内置字距调整选项，自动调整文本中单个字符之间的间距，但该选项并不能应用于所有字体，要求所选字体中必须包含字距调整信息。

4.2.4　文本的方向

文本有横排文本和纵排文本两种排列方式，Flash 共提供了三种排列方式，即水平；垂直，从左向右；垂直，从右向左，如图 4-4 所示。可根据作品的性质来选择合适的文本方向。

在改变文本方向按钮的右边有一个旋转按钮，旋转文本只能应用于垂直文本与英文，如图 4-5 所示。

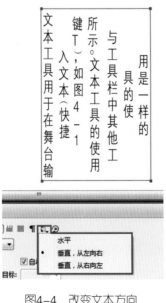

图4-4　改变文本方向　　　　　　　　图4-5　旋转

4.3 常用文本的特效

4.3.1 分离文本

一个作品中会用到很多种字体，当用不同的计算机再次打开原文件时，软件会弹出窗口寻问你是否要替换成默认字体或自己选择一种字体替换，但这样会影响原有的效果，所以，有时候对不需要更改的文本内容，可以选择分离文本来处理，这样不管计算机中是否安装有所使用的字体，都可以看到本来的效果。

用文本工具输入文字，选择"修改"菜单中的"分离"命令，如图 4-6 所示。也可使用快捷键 Ctrl+B 达到分离的效果，如图 4-7 所示。

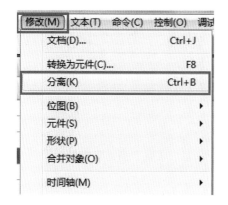 

图4-6 使用"分离"命令分离　　　　　　　　　　图4-7 分离效果

如果文本中字很多，则需要分离两次才能达到效果，如图 4-8 所示。第一次只是把文字拆散成单个字，这样还是属于文本类，可以随时修改字体与内容。第二次分离则不再是属于文本类，而是属于图形类，这时可以像图形那样改变形状，如图 4-9 所示。

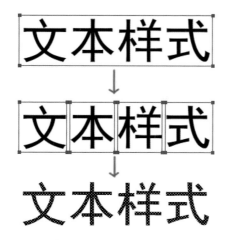 

图4-8 分离两次的效果　　　　　　　　　　图4-9 对文字进行编辑

4.3.2 彩色文字特效

下面结合所学的工具来制作彩色文字的效果。

(1)输入所需文字内容，如图 4-10 所示。

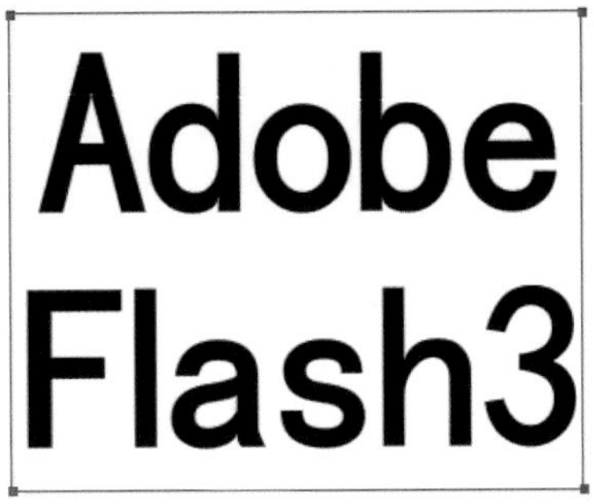

图4-10 输入文字内容

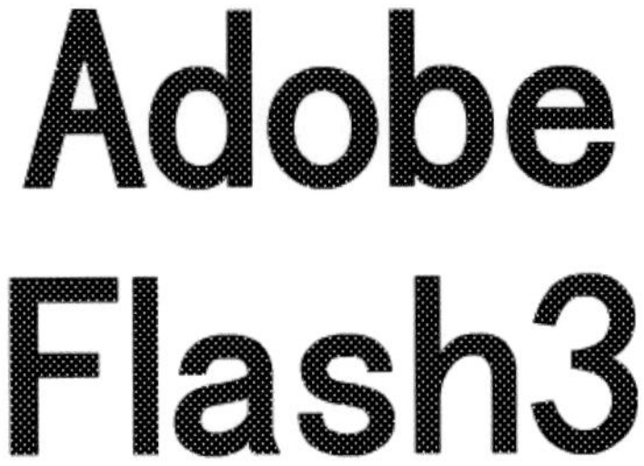

图4-11 打散文字

(2)选择输入文字的图层，按快捷键 Ctrl+B 打散两次，由文本转换为图形，如图 4-11 所示。

用选择工具或任意变形工具选择 Adobe 的上半部分，在油漆桶中选择所需要的颜色进行填充，如图 4-12 所示，此时文字具有双色效果。同理进行不同部分的选取，填充不同的颜色，这时会产生炫目的彩色文字效果，如图 4-13 所示。

图4-12 选取部分进行变色

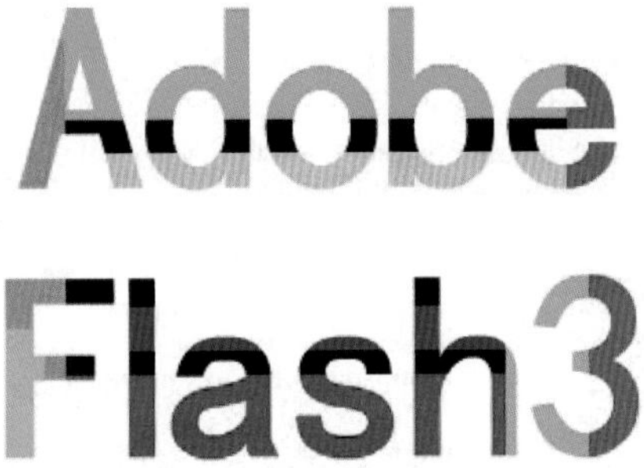

图4-13 最终效果

4.3.3 将文字分布到各图层

根据制作需要，有时输入的每个文字要分散到每个图层，如果一个一个地输入图层，则会增加制作成本，降低工作效率，这就需要我们来学习一种行之有效的快速方法。

新建文本，如图 4-14 所示，再按快捷键 Ctrl+B 分散文本，如图 4-15 所示。

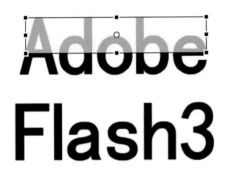

图4-14 输入文本

图4-15 分散文本

鼠标放在文本上右击，在弹出的快捷菜单中单击"分散到图层"命令，如图 4-16 所示，会发现每个数字分别分散在图层中。

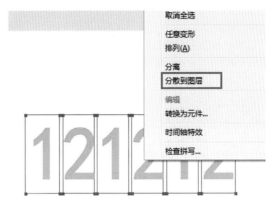

图4-16　分散到图层

4.3.4　为文本添加滤镜效果

提到滤镜，就会想到 PS，在 Flash 中也增加了滤镜功能。使用滤镜，可以增添有趣的视觉效果。应用滤镜后，可以随时改变它的各选项值，或者调整滤镜添加的顺序以生成不同的效果。

选中文本对象后，打开属性面板，单击"滤镜"选项卡，如图 4-17 所示。在该选项卡中单击"添加滤镜"按钮，如图 4-18 所示。在弹出的下拉列表中可以选择要添加的滤镜选项（见图 4-19），也可以执行删除、启用和禁用滤镜效果操作。添加滤镜后，在"滤镜"选项卡中会显示该滤镜的属性，在滤镜面板窗口中会显示该滤镜的名称，重复添加操作可以为文字创建多种不同的滤镜效果。如果单击"删除滤镜"按钮，则可以删除选中的滤镜效果。

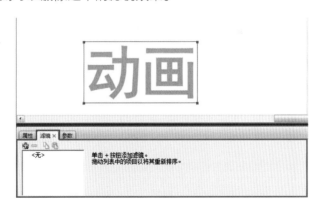

图4-17　"滤镜"选项卡

图4-18　添加滤镜

图4-19　滤镜选项

添加滤镜效果后，可以设置滤镜的相关属性，每种滤镜效果的属性设置都有所不同，下面介绍这些滤镜的属性设置。

1. 添加投影滤镜

添加投影滤镜后的效果如图4-20所示，其主要选项参数的说明如下。

(1) 模糊X和模糊Y：用于设置投影的宽度和高度。

(2) 强度：用于设置投影的阴影暗度，暗度与该文本框中的数值成正比。

(3) 品质：用于设置投影的质量级别。

(4) 角度：用于设置阴影的角度。

(5) 距离：用于设置阴影与对象之间的距离。

(6) 挖空：选中该复选框，可将对象实体隐藏，且只显示投影。

(7) 内侧阴影：选中该复选框，可在对象边界内应用阴影。

(8) 隐藏对象：选中该复选框，可隐藏对象，且只显示投影。

(9) 颜色：用于设置阴影颜色。

图4-20　添加投影滤镜

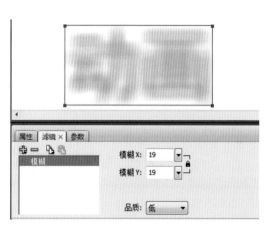

图4-21　添加模糊滤镜

2. 添加模糊滤镜

添加模糊滤镜后的效果如图4-21所示，其主要选项参数的说明如下。

(1) 模糊X和模糊Y：用于设置模糊的宽度和高度。

(2) 品质：用于设置模糊的质量级别。

3. 添加发光滤镜

添加发光滤镜后的效果如图4-22所示，其主要选项参数的说明如下。

(1) 模糊X和模糊Y：用于设置发光的宽度和高度。

(2) 强度：用于设置对象的透明度。

(3) 品质：用于设置发光的质量级别。

(4) 颜色：用于设置发光的颜色。

(5) 挖空：选中该复选框，可将对象实体隐藏，且只显示发光。

(6) 内侧发光：选中该复选框，可使对象只在边界内应用发光。

图4-22 添加发光滤镜　　　　　　　图4-23 添加斜角滤镜

4. 添加斜角滤镜

添加斜角滤镜后的效果如图 4-23 所示。斜角滤镜的大部分属性设置与投影、模糊或发光滤镜的属性设置相似。单击"类型"按钮，在弹出的菜单中可以选择内侧、外侧、全部三个选项，分别对对象进行内斜角、外斜角或完全斜角的效果处理。

5. 添加渐变发光滤镜

渐变发光滤镜可以使对象的发光表面具有渐变效果，如图 4-24 所示。

将光标移动至该面板的渐变栏上，光标则会增加一个加号，此时单击鼠标可以添加一个颜色指针。单击该颜色指针，可以在弹出的颜色列表中设置渐变颜色；移动颜色指针的位置，可以设置渐变色差。

图4-24 添加渐变发光滤镜　　　　　　　图4-25 添加渐变斜角滤镜

6. 添加渐变斜角滤镜

添加渐变斜角滤镜后的效果如图 4-25 所示。渐变斜角滤镜可以使对象产生凸起效果，并且使斜角表面具有渐变颜色。设置渐变斜角滤镜的属性可以参考前面介绍的滤镜属性设置。

7. 添加调整颜色滤镜

添加调整颜色滤镜后的效果如图 4-26 所示。调整颜色滤镜可以调整对象的亮度、对比度、色相和饱和度，可以通过拖动滑块或者在文本框中输入数值的方式，对对象的颜色进行调整。

图4-26　添加调整颜色滤镜

4.4　图形文字的应用

图形文字在 Flash 动画中应用得特别广泛，它修改起来更加方便，可以进行更多的变化。一般作品中涉及文字的变化时都会使用图形文字。

4.5　文字与动画

4.5.1　文字片头动画

现在结合所需的基础知识来制作一个简单的文字片头动画，使文字依次出现在屏幕上。

（1）新建文本，如图 4-27 所示。

（2）按快捷键 Ctrl+B 打散文本，如图 4-28 所示，右击，在弹出的快捷菜单中单击"分散到图层"命令，这时每个数字依次分散到每一层，如图 4-29 所示。

图4-27　新建文本 　　　　　　　　　　　图4-28　打散文本

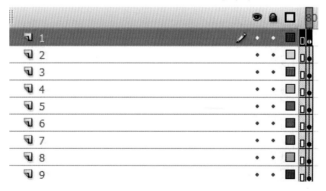

图4-29　打散后分布到各层

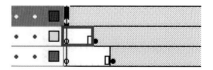

图4-30　拖放出空白关键帧

（3）现在需要进行时间轴的控制。由于数字 1 是最先出现的，不需要在它的关键帧前面加入空白关键帧，所以要在数字 2 的时间轴上进行空白关键帧的设置，用鼠标按住关键帧不放，向右进行拖放，就会发现在关键帧前出现了空白关键帧，如图 4-30 所示。空白关键帧表示时间从这里经过时是空白的、没有内容的。依此类推，此后每个数字时间轴上的空白关键帧都比前一个要长，如图 4-31 所示。

这时就可以播放出文字依次出现在屏幕上的效果。

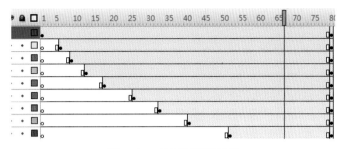

图4-31　各层时间轴设置

4.5.2　文字遮罩动画

下面来学习制作文字遮罩动画。

(1) 新建图层 1 并输入文字，在第 30 帧处插入帧，再按 F5 键，如图 4-32 所示。

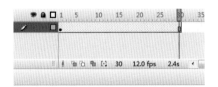

图4-32　新建图层1并输入文字　　　　　图4-33　新建图层2

(2) 新建图层 2，在文字的左侧第 1 帧处绘制一个正圆，如图 4-33 所示。在第 15 帧和第 30 帧处各创建关键帧。单击第 15 帧，用选择工具将圆移动到文字的最右侧，右击，在弹出的快捷菜单中单击"创建补间动画"命令，如图 4-34 所示。

图4-34　在第15帧处创建补间动画　　　　图4-35　创建遮罩层1

(3) 单击图层 2，右击点选"遮罩层"，如图 4-35 所示。

(4) 保存文件，按 Ctrl+Enter 组合键测试影片，就可以看到文字遮罩动画了。

4.5.3　制作彩虹文字效果

制作彩虹文字效果的具体操作如下。

(1) 新建一个大小为 500px×150px 的 Flash 文档，背景颜色根据喜好自定义设置，如图 4-36 所示。

（2）用矩形工具绘制一个与舞台大小一样的图形，填充彩虹渐变色，用渐变变形工具调整颜色倾斜角度，并让图形位于舞台中央（与画布对齐），这样才能达到更好的效果，如图 4-37 所示。

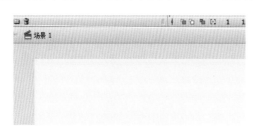

图4-36　导入图片

图4-37　设置填充颜色

（3）选中图形，按 Alt 键拖动图片，此时图形已被复制，将图形副本水平排列于图片左侧。利用选择工具框选或按 Shift 键将两张图片选中，按 F8 键将其转换为元件，元件类型选择"影片剪辑"，如图 4-38 所示，单击"确定"按钮，双击库面板中的元件 1。

（4）进入元件编辑状态，选中元件第 1 帧，将两张图片向左侧移动，图片右侧与舞台右侧对齐。选中影片剪辑的第 30 帧，插入关键帧或者按 F6 键，将该帧的对象向右水平拖动，尽量保证图形在一个水平线上，图形左侧与舞台左侧对齐。单击第 1 帧，右击，在弹出的快捷菜单中单击"创建补间动画"命令，如图 4-39 所示，使图形从左向右移动。

图4-38　影片剪辑元件

图4-39　在第1帧处创建补间动画

（5）回到场景，可以将先前放置在背景上的图形删除，将影片剪辑元件以拖动的方式放入舞台，将右侧的对象与舞台对齐即可。

（6）新建一个图层，重命名为"文字"，在工具箱中选择文本工具，在舞台中央输入文字，大小与舞台匹配，颜色任意，字体尽量选择比较粗大的字体，这样效果才明显，如图 4-40 所示。文字输入和设置完毕后，在文字图层上右击，在弹出的快捷菜单中单击"遮罩层"命令，如图 4-41 所示，文字的颜色消失，取而代之的是下层的图片，如图 4-42 所示。

图4-40　输入文字　　　　图4-41　创建遮罩层2　　　　图4-42　遮罩效果

（7）保存文件，按 Ctrl+Enter 组合键测试影片，看到的动画效果就是文字中的图片在不停地移动。

4.5.4　制作文字广告效果

制作文字广告效果的具体操作如下。

（1）新建一个大小为 500px×150px 的 Flash 文档，背景颜色根据喜好自定义，在图层 1 上输入文字，进行打散并分散到图层，再删除图层 1，如图 4-43 所示。

图4-43　分散到图层

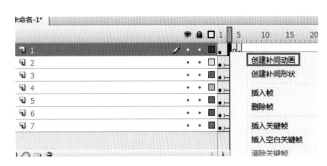

图4-44　在第5帧处创建补间动画

（2）在每一层的第 5 帧上设置关键帧，按 F6 键并右击，在弹出的快捷菜单中单击"创建补间动画"命令，如图 4-44 所示。

（3）在第一层的第 1 帧上单击舞台上对应的数字，用任意变形工具放大数字，如图 4-45 所示。在属性面板中设置图形的颜色模式为 Alpha，用来控制透明度，如图 4-46 所示。其他图层按照第一层的设置进行。

图4-45　放大数字

图4-46　属性设置

（4）为了使数字依次出现，时间轴图层上的关键帧应呈阶梯状出现，如图 4-47 所示，利用剪切和粘贴工具即可实现。

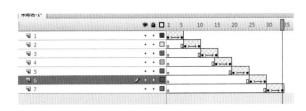

图4-47　对各图层进行设置

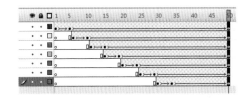

图4-48　在第50帧处插入关键帧

（5）在每一图层上的第 50 帧处插入关键帧，按 F6 键，如图 4-48 所示。

（6）保存文件，按 Ctrl+Enter 组合键测试影片，看到的动画效果就是文字中的图片在不停地移动。

5.1 在动画中添加声音

在 Flash 中可以添加声音和视频，可以使声音独立于时间轴播放，也可以使声音和动画保持同步。

5.1.1 导入声音

在 Flash 中，执行"文件→导入→导入到库"命令（见图 5-1），将声音文件导入到库中，如图 5-2 所示。

图5-1 导入到库

图5-2 库面板

5.1.2 添加声音

在影片中添加声音，在时间轴上新建一个新图层，用来放置声音文件。选择需要加入声音的关键帧，将库中声音文件拖入到场景中。在同一层中可以插入多种声音，也可以将声音放入含有其他对象的图层中，如图 5-3 所示。

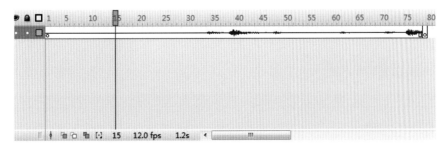

图5-3 添加声音

5.1.3 声音属性的设置

在时间轴上应用的声音文件可以在属性面板上进行设置，以更好地发挥声音的效果，如图5-4所示。编辑声音属性，主要包括几个选项设置，如图5-5所示。

图5-4 声音属性面板

(1) 无：不对声音文件应用效果，选择此选项将删除以前所应用的效果。

(2) 左声道/右声道：播放声音时控制左声道或右声道的播放。

(3) 从左到右淡出/从右到左淡出：播放声音时可以将声音从一个声道切换到另一个声道。

(4) 淡入：可以在声音的持续时间内逐渐增大声音的幅度。

(5) 淡出：可以在声音的持续时间内逐渐减小声音的幅度。

(6) 自定义：可以使用编辑封套创建声音的淡入点和淡出点。

要想使声音在场景中与事件同步，应在时间轴面板上选择与场景中动画开始相一致的关键帧作为声音开始的关键帧，单击属性面板中同步下拉列表，如图5-6所示。各选项说明如下。

图5-5 效果选项

图5-6 同步选项

(1) 事件：为事件触发的播放方式。

(2) 开始：与事件触发方式相似，但不同的是，在播放被触发的声音文件前会先确定当前有哪些声音文件正在播放，如果发现被触发的声音文件的另一个实例正在播放，则会忽略本次请求不播放该声音文件。

(3) 停止：将选择的声音文件静音。

(4) 数据流：为流媒体播放方式。

5.2 查看与编辑声音文件

5.2.1 查看声音文件属性

单击库中的音频文件，右键选择属性（见图5-7），会弹出声音属性面板，如图5-8所示。

图5-7 点选属性　　　　　　　　图5-8 声音属性面板

在声音属性中可以进行声音名字的更改、声音路径的更改，便于查找其位置以及创建的时间和声音的模式。

5.2.2 压缩声音

当导入 Flash 文件时，要考虑 Flash 动画的大小，特别是带有声音的 Flash 动画。可以利用声音压缩来减小文件大小，效果非常明显。

将声音文件导入 Flash 中，双击组件库中的声音文件，弹出声音属性面板，会出现压缩下拉列表，如图 5-9 所示。

图5-9 压缩下拉列表　　　　　　　图5-10 ADPCM

1. ADPCM

ADPCM 选项用于 8 位或 16 位声音数据的压缩设置，如点击音这样的短事件声音，一般选用 ADPCM 压缩，如图 5-10 所示。

(1) 预处理：勾选"将立体声转换为单声道"，可将混合立体声转换为单音（非立体声）。

(2) 采样率：用于控制文件的饱真度和文件大小。较低的采样率可减小文件，但也会降低声音品质。Flash 不能提高导入声音的采样率。如果导入音频的采样率为 11 kHz，即使将它设置为 22 kHz，也只有 11 kHz 的输出效果。采样率选项中各参数说明如下：

① 5 kHz 的采样率仅能达到人们讲话的声音质量；

② 11 kHz 的采样率是播放小段声音的最低标准，是 CD 音质的四分之一；

③ 22 kHz 的采样率的声音可以达到 CD 音质的一半，目前大多数网站都选用这样的采样率；

④ 44 kHz 的采样率是标准的 CD 音质，可以达到很好的听觉效果。

2. MP3

通过 MP3 选项可以用 MP3 格式输出声音。当导出乐曲等较长的音频流时，建议选用 MP3 选项，如图 5-11 所示。

(1) 比特率：用于决定导出声音文件每秒播放的位数。Flash 支持 8 kbps 到 160 kbps CBR（恒定比特率）。当导出声音时，需要将比特率设为 16 kbps 或更高，以获得最佳效果。

(2) 品质：用于确定压缩速度和声音质量。

①快速：可以使声音速度加快而使声音质量降低。

②中：可以获得稍微慢一些的压缩速度和高一些的声音质量。

③最佳：可以获得最慢的压缩速度和最高的声音质量。

 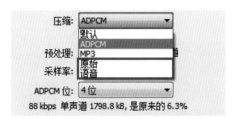

图5-11　MP3　　　　　　　　　图5-12　原始和语音

3. 原始（Raw）和语音（Speech）

原始选项导出的声音文件是没有经过压缩的，语音选项使用一个特别适合于语音的压缩方式导出声音，如图 5-12 所示。笔者建议语音使用 11 kHz 的采样率。

5.2.3　编辑声音

在时间轴上选择需要编辑声音的动画帧，在属性面板上单击"编辑"按钮，会弹出编辑封套窗口，如图 5-13 所示，可以对声音进行编辑操作。

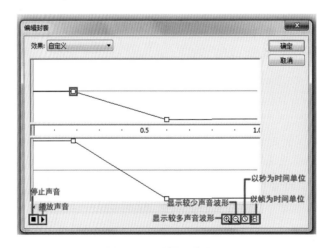

图5-13　编辑封套窗口

在编辑封套窗口中单击并拖动控制器上的开始点和终止点，可以改变声音播放的开始点和终止点的时间位置。要想改变声音封套，拖动封套手柄可以改变声波在不同点处的音级。封套线显示了声音播放时的音量，单击封套线可以增加封套手柄。

单击编辑封套窗口中的"放大／缩小"按钮，可以显示较多或较少的声音波形。单击窗口中的"秒或帧"按钮，可以选择其中一个为时间单位。

5.3 导入和控制视频

5.3.1 Flash所支持的视频类型

在 Flash 中，它所支持的视频类型有以下几种：QuickTime（.mov）、Windows(.avi)、MPGE(.mpg、.mpeg)、数字视频（.dv、.dvi）、Windows Media(.asf、.wmv)、Adobe Flash(.flv)、用于移动设备的 3GPP/3GPP2（.3gp、.3gpp、.3gp2、.3gpp2）。

mov 即 QuickTime 影片格式，它是 Apple 公司开发的一种音频、视频文件格式，用于存储常用数字媒体类型。当选择 QuickTime（*.mov）作为保存类型时，动画将保存为 .mov 文件。

avi 的英文全称为 audio video interleaved，即音频视频交错格式，是将语音和影像同步组合在一起的文件格式。它对视频文件采用了一种有损压缩方式，但压缩比较高，因此尽管画面质量不是太好，但其应用范围仍然非常广泛。avi 支持 256 色和 RLE 压缩。avi 信息主要应用于多媒体光盘，用来保存电视、电影等各种影像信息。

mpg 又称 mpeg（moving pictures experts group，动态图像专家组），由 ISO(International Standards Organization，国际标准化组织）与 IEC(International Electronic Committee) 于 1988 年联合成立，专门致力于运动图像（mpeg 视频）及其伴音编码（mpeg 音频）标准化工作。

dv 的英文全称是 digital video format，是由索尼、松下、JVC 等多家厂商联合提出的一种家用数字视频格式。目前非常流行的数码摄像机就是使用这种格式记录视频数据的。它可以通过计算机的 IEEE 1394 端口传输视频数据到计算机，也可以将计算机中编辑好的视频数据回录到数码摄像机中。这种视频格式的文件扩展名一般是 .avi，所以也叫 dv-avi 格式。

wmv 是由微软公司推出的一种流媒体格式，它是在"同门"的 asf（advanced stream format）格式升级延伸而得来。在同等视频质量下，wmv 格式的体积非常小，因此很适合在网上播放和传输。avi 文件将视频和音频封装在一个文件里，并且允许音频同步于视频播放。与 DVD 视频格式类似，avi 文件支持多视频流和音频流。

flv 是 Flash video 的简称，flv 流媒体格式是随着 Flash MX 的推出而发展的视频格式。由于它形成的文件极小、加载速度极快，使得在网络上观看视频文件成为可能，它的出现有效地解决了视频文件导入 Flash 后使导出的 swf 文件体积庞大，不能在网络上很好地使用等缺点。

3GPP 是一种电影格式，是一种 3G 流媒体的视频编码格式，主要是为了配合 3G 网络的高速传输而开发的，也是目前手机中最为常见的一种视频格式。

5.3.2 导入视频

新建一个 Flash 文档，执行"文件→导入→导入视频"命令，会弹出"导入视频"对话框，如图 5-14 所示。

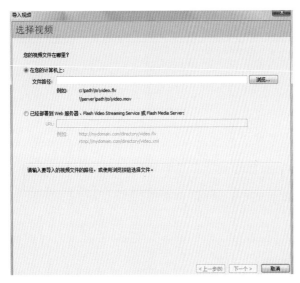

图5-14 "导入视频"对话框

图5-15 选择本地视频

在"导入视频"对话框中单击"浏览"按钮，即可弹出"打开"对话框。在"打开"对话框中选择本地计算机中的视频文件，单击"打开"按钮，如图 5-15 所示。单击"下一个"按钮，在"打开"对话框中选择所需要的选项，最后单击"完成"按钮，如图 5-16 所示。

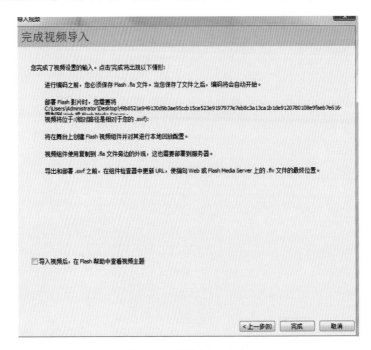

图5-16 视频导入完成

5.3.3 视频剪切

新建一个 Flash 文档，执行"文件→导入→导入视频"命令，弹出"导入视频"对话框，在该对话框中单击"浏览"按钮，在弹出的"打开"对话框中选择本地计算机中的视频文件。在弹出的部署窗口中选择"在 SWF 中嵌入视频并在时间轴上播放"选项，如图 5-17 所示。

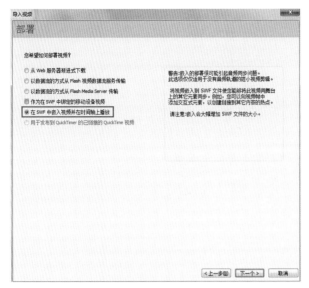

图5-17　部署窗口

图5-18　嵌入窗口

在弹出的嵌入窗口中选择"先编辑视频"选项，如图 5-18 所示。此时会弹出拆分视频窗口，如图 5-19 所示，可以拖动编辑点选择自己所需要的部分，选择完后在左上角点选"在列表中创建一个新的剪辑"，如图 5-20 所示。

图5-19　拆分窗口

图5-20　创建新的剪辑

单击"下一个"按钮，在弹出的对话框中选择所需的版本和视频质量，如图 5-21 所示。单击"下一个"按钮完成操作，在舞台上得到自己需要的视频，如图 5-22 所示。

图5-21 选择版本和视频质量　　　　　　　　图5-22 剪切完成

6.1 时间轴特效

在菜单栏中单击"插入→时间轴特效"命令，会出现变形／转换、帮助和效果三种特效，如图 6-1 所示。可以使用时间轴特效来向文本、图形、图像和元件中快速添加动画效果。

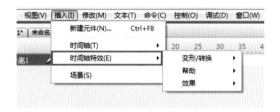

图6-1 插入时间轴特效

6.1.1 认识时间轴特效

下面来认识时间轴特效的种类和功能。

1. 变形／转换

(1) 变形：可用单一特效和特效组合，产生淡入或淡出、放大或缩小的效果。

(2) 转换：可用淡化、擦除或结合两种特效向内或向外擦除。

2. 帮助

(1) 分散式直接复制：可按指定的次数复制选定的对象。

(2) 复制到网格：可按指定的列数复制选定的对象。

3. 效果

(1) 分离：使用该特效可产生对对象发生爆炸分裂的错觉。

(2) 展开：可在一段时间内放大、缩小对象。

(3) 投影：使用该特效可在选定的对象下方创建阴影。

(4) 模糊：通过改变该对象在一段时间内的 Alpha 值、位置或缩放来产生模糊效果。

6.1.2 时间轴特效设置

1. 时间轴特效的添加

在舞台中输入一段文本"Flash CS3"，选中文本，单击菜单栏中的"插入→时间轴特效"命令，再从其级联菜单中选择一种特效，这里选择"效果→分离"，这时将出现"分离"对话框，如图 6-2 所示。

注：也可以在选取对象上右击，然后从弹出的快捷菜单中单击"时间轴特效"命令创建一种特效。

图6-2　"分离"对话框

默认情况下，"分离"对话框左侧已经设置了一些参数，如图6-3所示。其中，可设置的参数如下。

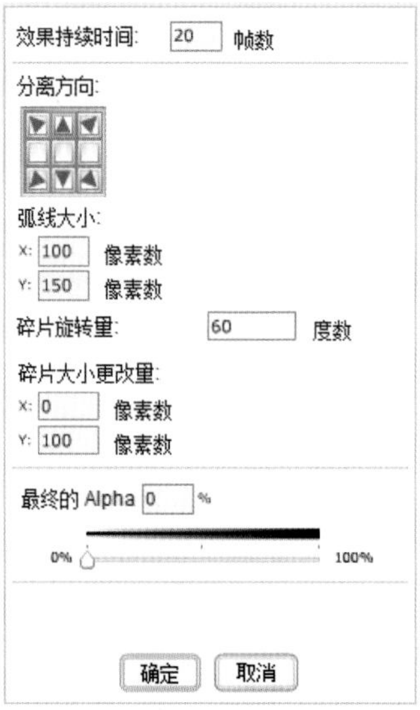

图6-3　设置参数

效果持续时间：设置特效持续的时间长度，以帧为单位。

分离方向：单击此图标中的方向按钮，可改变文本向6个不同方向的运动方向。

弧线大小：用于设置X方向和Y方向的偏移量，以像素为单位。

碎片旋转量：用于设置碎片的旋转角度，以度为单位。

碎片大小更改量：用于设置碎片更改量的大小，以像素为单位。

最终的Alpha：用于设置分离后的Alpha透明度百分数。可以在该文本框中直接输入百分数，也可以通过拖曳其下面的滑块进行调整。

特效参数设置好后，可以单击"分离"对话框右上角的"更新预览"按钮查看效果。

反复调整参数直到满意为止，然后单击"确定"按钮关闭窗口。此时文字会自动变成一个图形元件。

每种时间轴特效的参数都不同，通过改变特效的各项参数设置，可以获得不同的动画效果，这是因为 Flash 实际上是利用影片剪辑元件嵌套产生特效的。这一点可以通过属性面板来查看，如图 6-4 所示。

同时，也可在时间轴上相应地添加帧数，如图 6-5 所示。

图6-4 属性面板

图6-5 在时间轴上创建的帧

2. 时间轴特效的编辑和删除

如果对添加的时间轴特效不满意，那么可以重新修改特效。选择舞台上的时间轴特效，单击"修改→时间轴特效→编辑特效"命令，或者单击属性面板中的"编辑"命令对此特效进行修改，如图 6-6 所示。这样就可重新打开"特效设置"对话框，在其中可以修改参数。

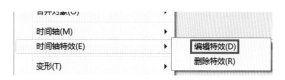

图6-6 编辑时间轴特效

如果不需要某种特效，则可以将其删除。选中舞台上的时间轴特效，单击"修改→时间轴特效→删除特效"命令，或者单击鼠标右键直接删除特效。

6.1.3 实例制作：数字倒计时演示

制作数字倒计时效果的具体操作如下。

（1）利用绘图工具在舞台中绘制场景并上色，如图 6-7 所示。在时间轴第 20 帧位置插入帧，延长此图层时间。

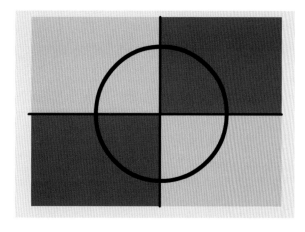

图6-7 绘制场景

（2）新建图层，命名为"数字"。在场景中心位置利用文本工具输入数字"5"，并调整好大小与之匹配，如图6-8所示。

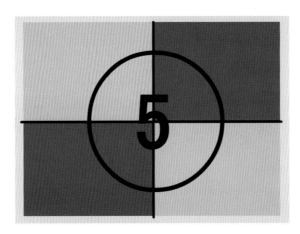

图6-8　在中心点输入数字"5"

（3）选中此新建图层，在时间轴上依次插入空白关键帧，利用文本工具分别在对应的每一帧输入数字"4、3、2、1"，如图6-9所示。

注：此步制作方法有很多种，也可以将数字5关键帧进行复制，在下一帧位置右击"粘贴到当前位置"，将5改为4，依此类推。此方法能够保证位置和字体大小统一，不需再调整。

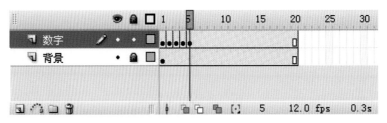

图6-9　依次插入关键帧

（4）选择数字5，插入时间轴特效/模糊，待弹出"模糊"对话框后，将该对话框中的"效果持续时间"的帧数改为"4"，"移动方向"选择中心，其他参数不变，更新预览可观察效果，单击"确定"按钮关闭窗口，如图6-10所示。

图6-10　修改模糊参数

（5）按照以上方法将数字4、3、2、1分别插入时间轴特效／模糊，参数选择一致。最后按Ctrl+Enter组合键测试影片，查看最终效果。此时，5个数字每隔4帧呈模糊特效进行倒计时演示，如图6-11所示。

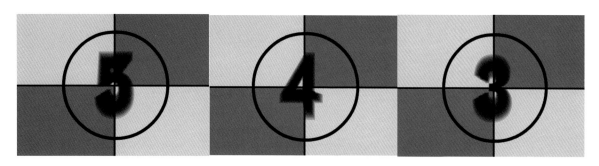

图6-11　最终效果

6.2　滤镜的应用

滤镜可将有趣的视觉特效加入文字、按钮和影片片段中。在Flash中，可使用移动补间动画将套用的滤镜制成动画。

应用滤镜后，可随时改变选项或调整滤镜的顺序而组合成不同的效果，滤镜只适用于影片剪辑元件、按钮和文本，图形不能用于添加滤镜效果。

滤镜位于属性面板的旁边，如果没有出现，则选择菜单栏中的"窗口→属性→滤镜"，将"滤镜"选项打开即可，如图6-12所示。

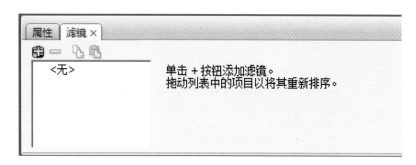

图6-12　滤镜面板

6.2.1　滤镜的添加和删除

1. 滤镜的添加

在舞台上选择准备应用滤镜的影片剪辑元件、按钮或文本，在属性面板底部单击"滤镜"命令，选中 ➕ 按钮，在弹出的下拉菜单中选择一种滤镜效果，即可将其效果添加到实例上，如图6-13、图6-14所示。

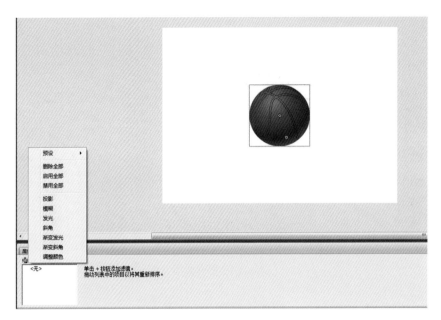

图6-13   未添加滤镜的效果

图6-14   添加滤镜后的效果

2. 滤镜的删除

想要删除已添加的滤镜效果，可在属性面板中选择想要删除的效果，即单击滤镜面板中的 ▭ 按钮进行删除。

6.2.2   滤镜的种类和参数

滤镜效果分为投影、模糊、发光、斜角、渐变发光、渐变斜角、调整颜色几种，如图 6-15 所示。

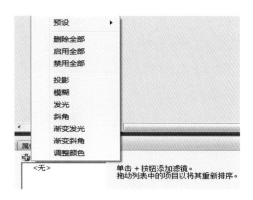

图6-15 滤镜效果种类

1. 投影

在属性面板中，展开滤镜选项，在"添加滤镜"的下拉菜单中选择"投影"进行添加。

投影可为对象添加阴影效果。其中，模糊X、模糊Y选项分别用于调整投影的左右、上下的虚化程度；强度选项用于调整投影的透明度；品质选项用于调整投影的像素；角度选项用于调整投影的方向；距离选项用于调整投影与对象的距离；颜色选项用于改变投影的颜色，如图6-16所示。

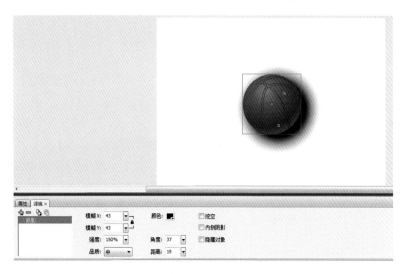

图6-16 投影

挖空、内侧阴影和隐藏对象则用于改变阴影的效果，如图6-17所示。

图6-17 挖空、内侧阴影和隐藏对象的效果

2. 模糊

在属性面板中，展开滤镜选项，在"添加滤镜"的下拉菜单中选择"模糊"进行添加。

模糊可为对象添加模糊晕效果。其中，模糊 X、模糊 Y 选项分别用于调整模糊效果左右、上下的程度；品质选项用于调整模糊后对象的像素，如图 6-18 所示。

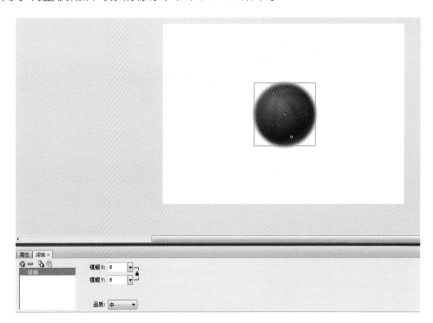

图6-18　模糊

3. 发光

在属性面板中，展开滤镜选项，在"添加滤镜"的下拉菜单中选择"发光"进行添加。

发光可为对象添加光晕效果。其中，模糊 X、模糊 Y 选项分别用于调整光晕左右、上下的程度；强度选项用于调整光晕颜色的透明度；品质选项用于调整光晕颜色的像素；颜色选项用于改变光晕的颜色；挖空、内侧发光选项则用于改变光晕的效果，如图 6-19 所示。

图6-19　发光

4. 斜角

在属性面板中，展开滤镜选项，在"添加滤镜"的下拉菜单中选择"斜角"进行添加。

斜角可为对象添加加亮效果，可制作出立体浮雕的效果。其中，模糊 X、模糊 Y 选项分别用于调整浮雕效果左右、上下的程度；强度选项用于调整加亮颜色的透明度；品质选项用于调整效果的像素；阴影和加亮选项分别用于调整加亮效果亮面和暗面的两个颜色；角度和距离选项分别用于调整斜角效果的方向和距离；挖空和类型选项则用于改变斜角的效果，如图 6-20 所示。

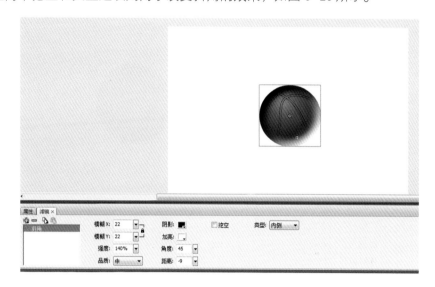

图6-20 斜角

5. 渐变发光

在属性面板中，展开滤镜选项，在"添加滤镜"的下拉菜单中选择"渐变发光"进行添加。

渐变发光可为对象添加光的效果。其属性基本与发光相同，只是渐变发光增加了角度、距离选项，分别用于调整光晕与对象的距离和调整光晕与对象的方向，同时渐变发光的光晕可由多种颜色构成，如图 6-21 所示。

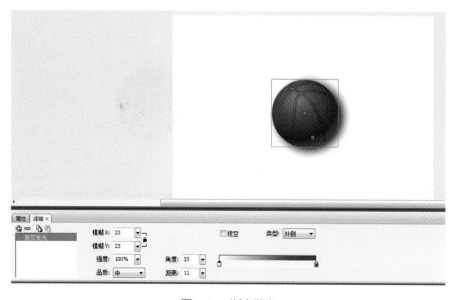

图6-21 渐变发光

6. 渐变斜角

在属性面板中，展开滤镜选项，在"添加滤镜"的下拉菜单中选择"渐变斜角"进行添加。

渐变斜角主要用于做出渐变的斜角效果。它的属性基本与斜角相同，只是斜角中的阴影和加亮选项被渐变色选项代替，通过对渐变色的调整可直接调整斜角的效果，如图 6-22 所示。

图6-22　渐变斜角

7. 调整颜色

在属性面板中，展开滤镜选项，在"添加滤镜"的下拉菜单中选择"调整颜色"进行添加。

调整颜色可以调整对象的亮度、对比度、饱和度和色相，使对象的色彩发生变化，如图 6-23 所示。

图6-23　调整颜色

6.2.3 实例制作

下面通过滤镜绘制出驴子的立体效果，具体操作如下。

(1) 绘制如图6-24所示的驴子造型。

(2) 将驴子转换成影片剪辑元件，如图6-25所示。

图6-24 绘制驴子　　　　　　　　　图6-25 转换驴子为影片剪辑元件

(3) 单击驴子，打开属性面板，在"添加滤镜"的下拉菜单中选择"投影"进行添加。调整投影属性参数：模糊X和模糊Y值均设为4、强度设为82%、品质设为中、角度设为45、距离设为−5，如图6-26所示。

图6-26 添加模糊效果

(4) 调整斜角属性参数：模糊X和模糊Y值均设为5、强度设为90%、角度设为47、距离设为2，如图6-27所示。

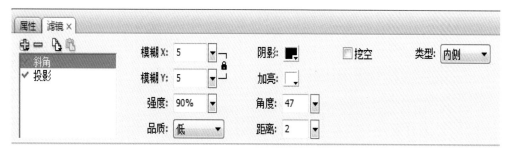

图6-27 调整斜角属性

(5) 按 Ctrl+Enter 组合键测试影片，查看最终效果，如图 6-28 所示。

图6-28   完成绘制

7.1　认识动作面板

7.1.1　ActionScript 3.0基础

运用 ActionScript 可以制作出交互性极强的动态网页、开发出精彩的游戏及各种实时交互系统。虽然有些效果通过传统的动画制作方法也可以完成，但要花费大量的时间。但在这个高效率的时代，熟练运用 Flash 的内置脚本语言 ActionScript 来进行动画制作，才是最明智的做法。

7.1.2　动作面板和脚本窗口

在 Flash 中编写 ActionScript 程序，用户可以通过双击脚本工具箱中的代码名称，或者使用脚本窗格左上角的"添加"按钮，在弹出的下拉菜单中选择代码名称，将相应的代码添加至脚本窗格中。这都是在动作面板中完成的，因此，如果要更好地编写 ActionScript 程序，必须先对动作面板有正确的了解。

选择菜单"窗口→动作"命令或者按快捷键 F9，可以显示动作面板，如图 7-1 所示。

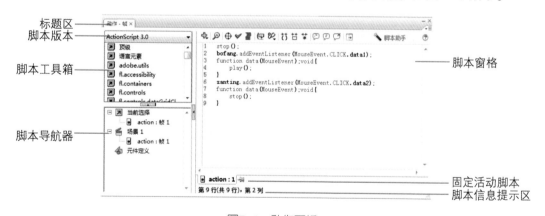

图7-1　动作面板

1. 标题区

标题区用于显示当前添加动作的对象，如帧、按钮或影片剪辑。

2. 脚本版本

在此下拉菜单中，可以选择所有 Flash CS3 支持的脚本版本，但在应用时需要注意，一定要在"发布设置"对话框中选择合适的脚本版本，否则可能无法添加某个版本的脚本。

3. 脚本工具箱

在此可以选择 Flash CS3 的全部 ActionScript 命令，每个命令又有其子命令。

4. 脚本窗格

在此输入 ActionScript 代码，可以通过右击，在弹出的快捷菜单中单击相应的命令，执行简单的复制、粘贴、剪切、撤消、重做及切换断点等操作。

5. 固定活动脚本

单击固定活动脚本中的"固定脚本"按钮，可以将一个或多个对象的脚本固定在脚本窗格版面的底部。

6. 脚本信息提示区

用于显示当前在脚本窗格中的命令的行数及列数。

7.1.3 动作脚本中的术语

1. Actions（动作）

Actions（动作）就是程序语句，它是 ActionScript 脚本语言的灵魂和核心。

2. Events（事件）

简单来说，要执行某个动作，必须提供一定的条件，如果需要某个事件对该动作进行一种触发，那么这个触发功能的部分就是 ActionScript 中的事件。

3. Class（类）

Class（类）是一系列相互之间有联系的数据的集合，用来定义新的对象类型。

4. Constructor（构造器）

Constructor（构造器）用于定义类的属性和方法的函数。

5. Expressions（表达式）

Expressions（表达式）是语句中能产生一个值的任一部分。

6. Function（函数）

Function（函数）指可以被传送参数并能返回值的以及可重复使用的代码块。

7. Identifiers（标示符）

Identifiers（标示符）用于识别某个变量、属性、对象、函数或方法的名称。

8. Instances（实例）

Instances（实例）是属于某个类的对象，类的每个实例都包含类的所有属性和方法。

7.2 动作面板的使用

在时间轴上添加 stop 动作停止动画播放，停止篮球滚动效果。

（1）打开篮球滚动文件，单击新建图层，将新建图层命名为 action，如图 7-2 所示。

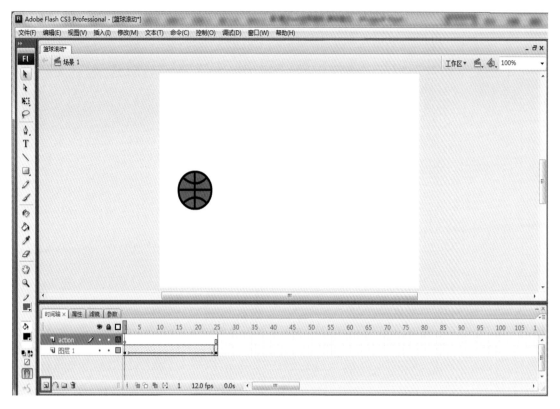

图7-2　打开篮球滚动文件

(2) 单击 action 层，选择第 1 帧，在菜单栏中单击窗口→动作面板，如图 7-3 所示。

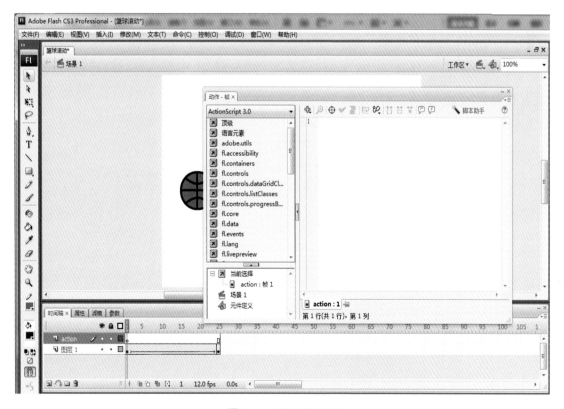

图7-3　打开动作面板

（3）在脚本窗格面板中输入 stop(); 停止代码，如图 7-4 所示。

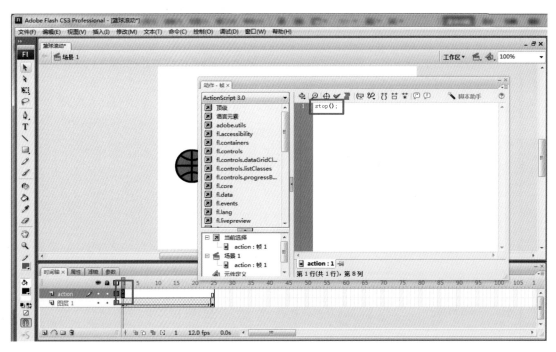

图7-4　输入代码1

7.2.1　通过按钮控制动画

（1）打开篮球停止滚动效果，单击"插入→创建新元件"命令，会弹出"创建新元件"窗口，在"名称"文本框中输入"播放"，类型选择"按钮"，如图 7-5 所示。

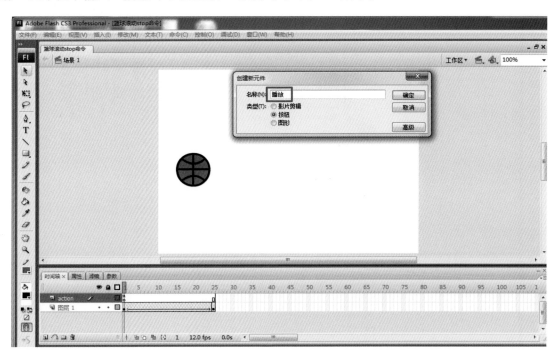

图7-5　创建新元件

(2) 使用椭圆工具、任意变形工具、文本工具绘制 play 按钮，如图 7-6 所示。

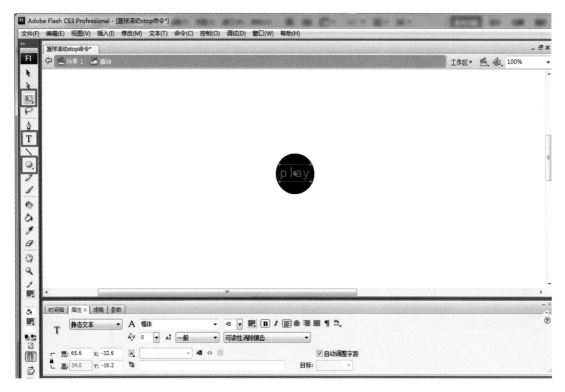

图7-6　绘制按钮

(3) 单击场景 1 再返回场景 1，如图 7-7 所示。

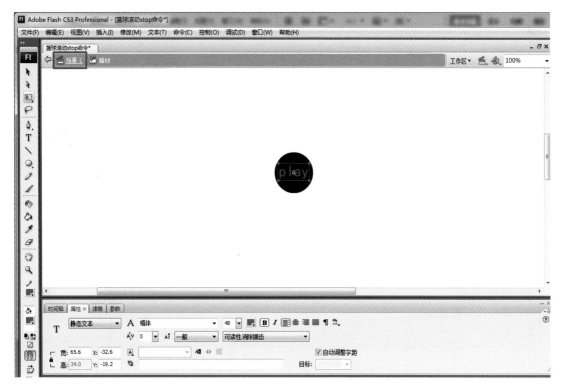

图7-7　返回场景1

(4) 单击"窗口→库"命令，打开库面板，在库面板播放按钮元件上右击，在弹出菜单中选择"直接复制"命令，如图 7-8 所示。

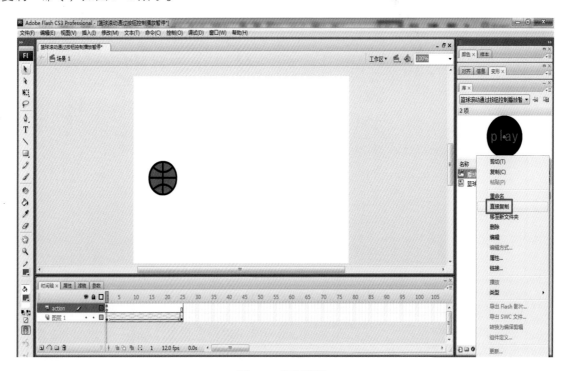

图7-8　复制元件

(5) 将直接复制元件面板中的名称设置为"暂停"，如图 7-9 所示。

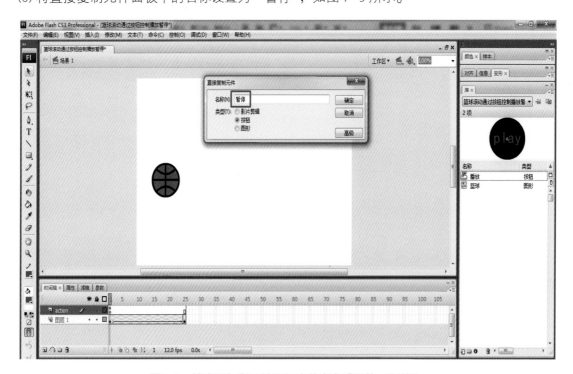

图7-9　将直接复制元件面板中的名称设置为"暂停"

(6) 双击暂停按钮元件进入元件，如图 7-10 所示。

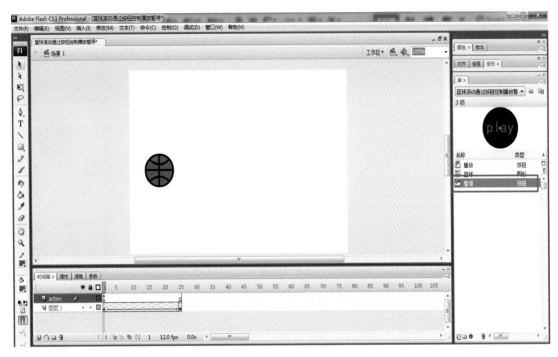

图7-10　双击暂停按钮元件进入元件

(7) 使用文本工具将 play 更换为 stop，如图 7-11 所示。

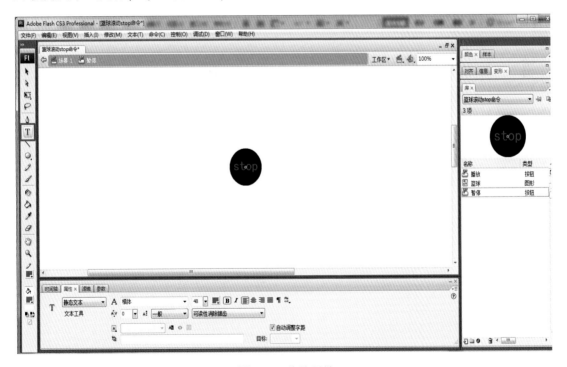

图7-11　修改元件

(8) 再次单击场景 1 并返回场景 1，如图 7-12 所示。

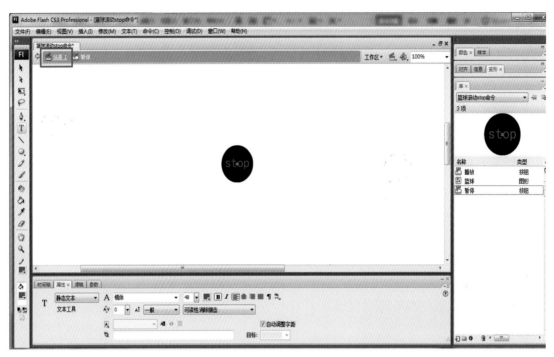

图7-12　第二次返回场景1

(9) 新建图层将播放按钮元件和暂停按钮元件拖入舞台中，如图 7-13 所示。

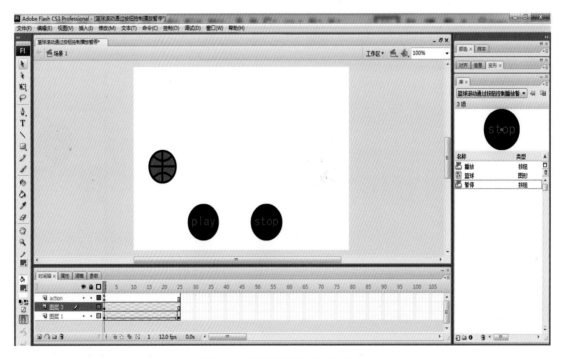

图7-13　将按钮元件拖入舞台中

(10) 单击播放按钮，在按钮名称选项中输入"bofang"，如图 7-14 所示。

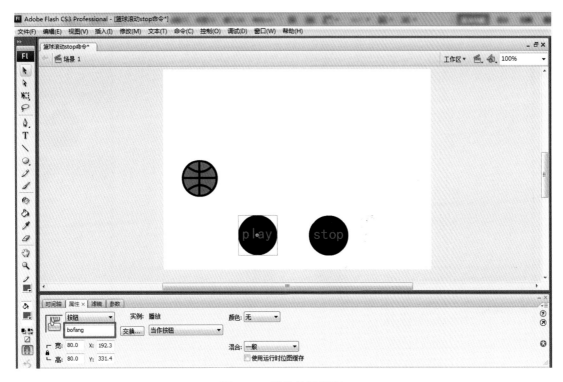

图7-14 输入按钮名称1

(11) 单击暂停按钮，在按钮名称选项中输入"zanting"，如图 7-15 所示。

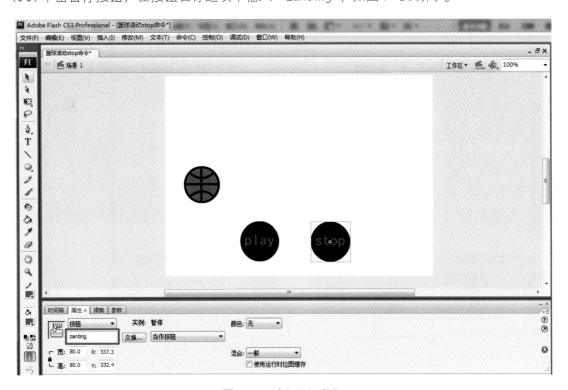

图7-15 输入按钮名称2

(12) 双击播放按钮元件进入元件，如图 7-16 所示。

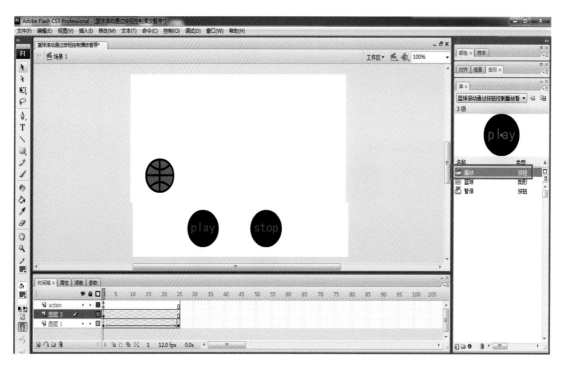

图7-16　双击播放按钮元件进入元件

(13) 在帧上右击，在弹出的快捷菜单中单击"插入帧"命令，如图 7-17 所示。

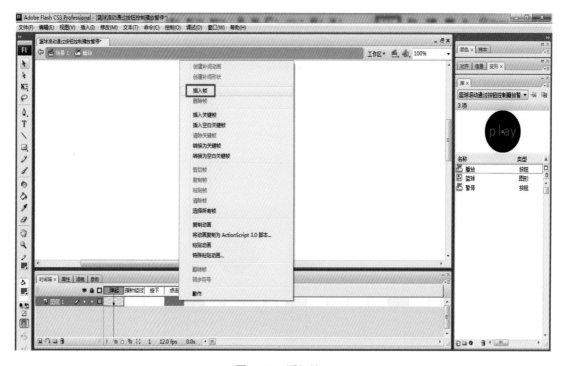

图7-17　插入帧1

(14) 双击暂停按钮元件进入元件，如图 7-18 所示。

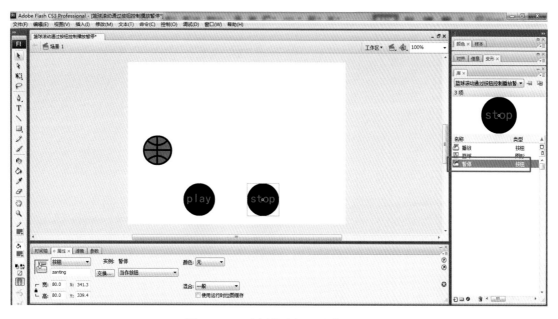

图7-18　双击暂停按钮元件进入元件

(15) 在帧上右击，在弹出的快捷菜单中单击"插入帧"命令，如图 7-19 所示。

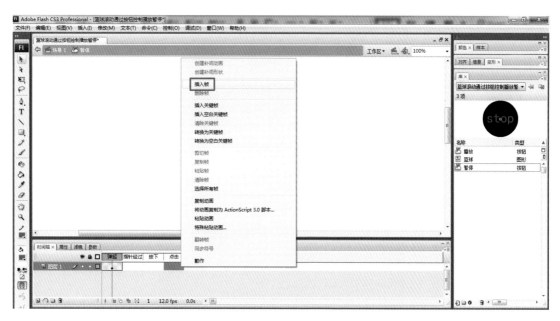

图7-19　插入帧2

(16) 选择 action 层第 1 帧，单击"窗口→动作"命令，打开动作面板，并在脚本窗格中输入：

```
stop();
```
// 停止
```
bofang.addEventListener(MouseEvent.CLICK, data1);
```
//bofang 按钮加入鼠标监听器，当单机时触发 dada1 函数
```
function data1(MouseEvent):void{
```
　　// 定义一个鼠标监听的有返回值的 dada1 函数

```
    play()
    // 函数内容为播放
}
zanting.addEventListener(MouseEvent.CLICK, data2);
//zanting 按钮加入鼠标监听器, 当单机时触发 dada2 函数
function data2(MouseEvent):void{
    // 定义一个鼠标监听的有返回值的 dada2 函数
    stop()
    // 函数内容为停止
}
```

在脚本窗口中输入的代码如图 7-20 所示。

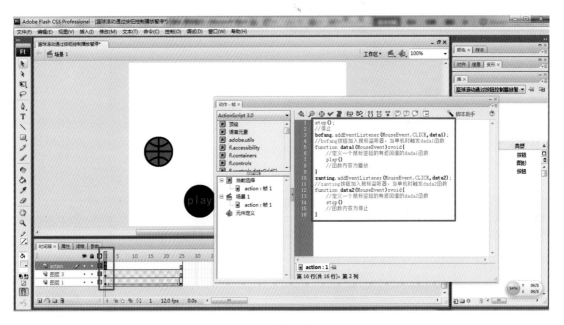

图7-20　输入代码2

(17)使用 Ctrl+Enter 组合键播放 Flash 文件,在最终效果中单击 play 按钮时篮球将出现滚动效果, 单击 stop 按钮时篮球停止滚动，如图 7-21 所示。

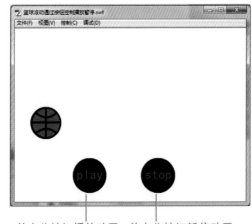

单击此按钮播放动画　单击此按钮暂停动画

图7-21　最终效果

7.2.2 通过按钮控制转场

通过按钮控制转场的具体操作如下。

(1)打开篮球滚动效果,单击"插入→场景"命令,新建一个动画场景,如图7-22所示。

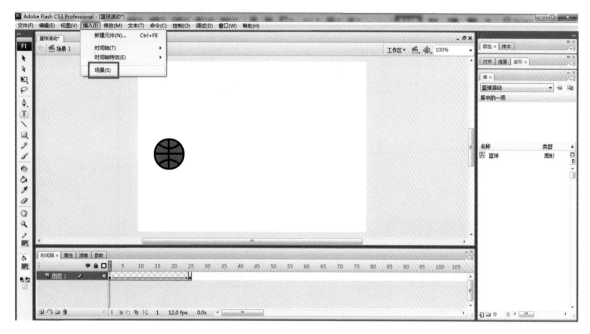

图7-22 新建场景

(2)在新场景中使用文本工具,在属性面板中设置字体为楷体、字号为63、颜色为红色,并使用选择工具将字体放置于舞台中心,如图7-23所示。

图7-23 输入文本文字

（3）单击"插入→创建新元件"命令，在创建新元件面板中将名称设置为"下一个场景"，类型选择为"按钮"，如图 7-24 所示。

图7-24　创建新按钮

（4）使用椭圆工具和文本工具将文本字体设置为楷体、字号为 18、颜色为红色、字形为加粗，绘制按钮，如图 7-25 所示。

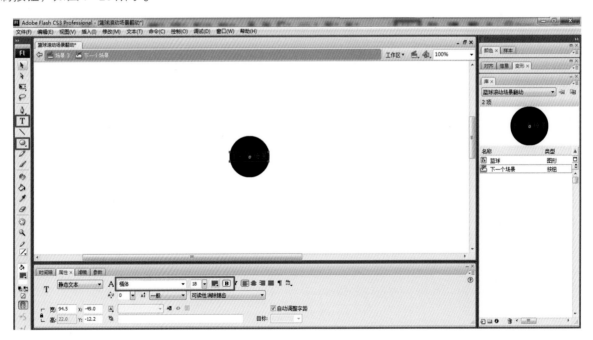

图7-25　绘制按钮

（5）单击场景 2，返回场景 2 舞台。在库面板中右击下一个场景元件，在弹出的快捷菜单中单击"直接复制"命令，如图 7-26 所示。

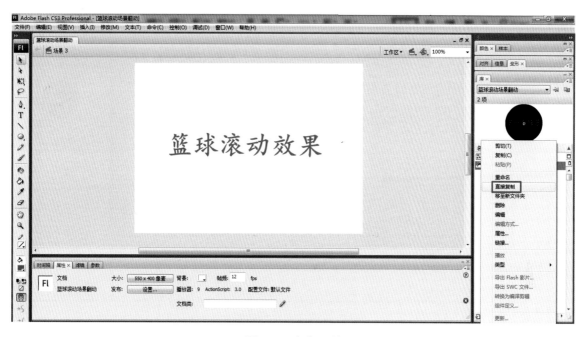

图7-26 复制元件

（6）将直接复制元件面板中的名称设置为"上一个场景"，如图 7-27 所示。

图7-27 修改复制的元件名

(7) 双击上一个场景按钮元件，进入上一个场景中，如图 7-28 所示。

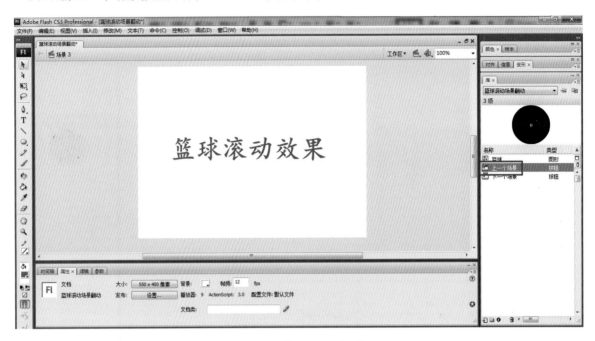

图7-28　进入上一个场景

(8) 将下一个场景字体变成上一个场景字体，如图 7-29 所示。

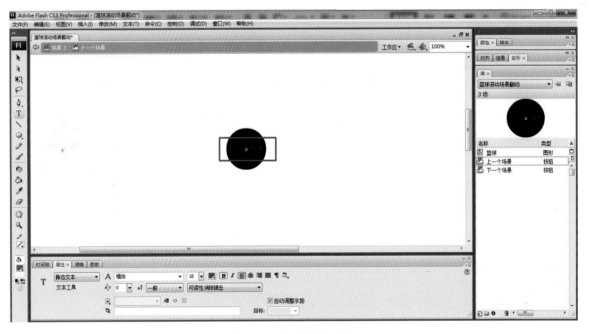

图7-29　修改元件字体

（9）将上一个场景按钮元件拖入舞台中，如图 7-30 所示。

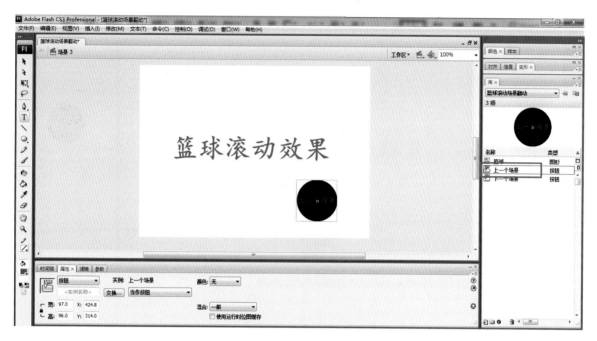

图7-30 将上一个场景按钮元件拖入舞台中

（10）在图层 1 中第 70 帧处右击，并在弹出的快捷菜单中单击"插入帧"命令，如图 7-31 所示。

图7-31 插入帧3

(11) 单击"编辑场景"按钮，选择场景1，跳转到场景1，如图7-32所示。

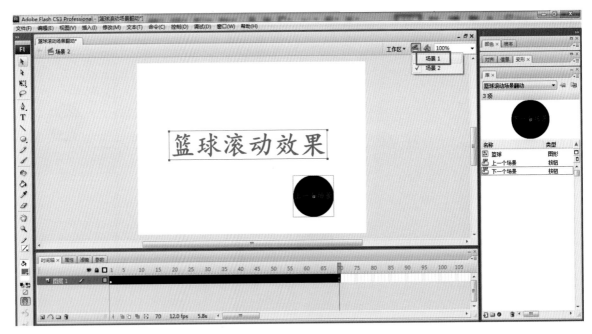

图7-32 返回场景1

(12) 将库面板中的下一个场景按钮元件拖入舞台中，如图7-33所示。

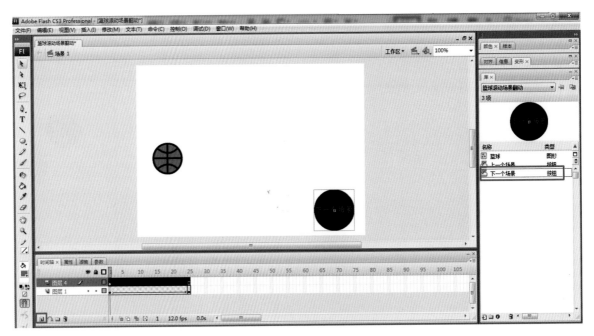

图7-33 将下一个场景按钮元件拖入舞台中

(13) 单击下一个场景按钮，将元件名称设置为 xiayigechangjing，如图 7-34 所示。

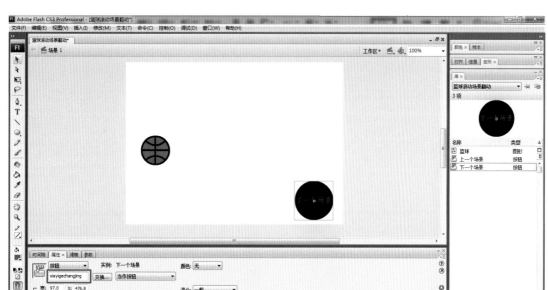

图7-34 给下一个场景按钮元件命名

(14) 在时间轴面板中 action 图层的第 25 帧处右击，在弹出的快捷菜单中单击"插入关键帧"命令，插入关键帧，如图 7-35 所示。

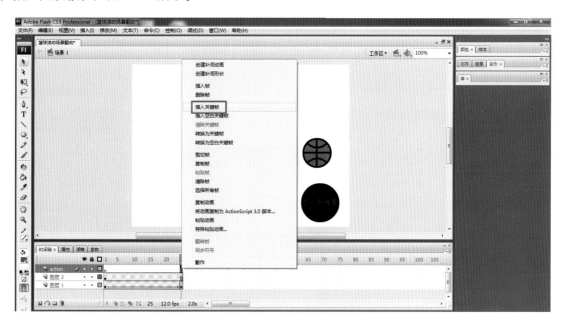

图7-35 插入关键帧

(15) 单击"窗口→动作"命令，打开动作面板，在脚本窗格中输入：

```
stop();
xiayigechangjing.addEventListener(MouseEvent.CLICK, data1);
//xiayigechangjing 按钮加入鼠标监听器，当单机时触发 dada1 函数
function data1(MouseEvent):void{
```

```
// 定义一个鼠标监听的有返回值的dada1函数
nextScene();
// 函数内容为播放
}
```

在脚本窗口中输入的代码如图7-36所示。

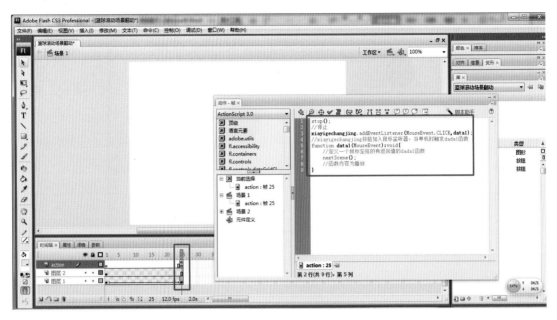

图7-36　输入代码3

(16) 单击"编辑场景"按钮，选择场景2，进入场景2，如图7-37所示。

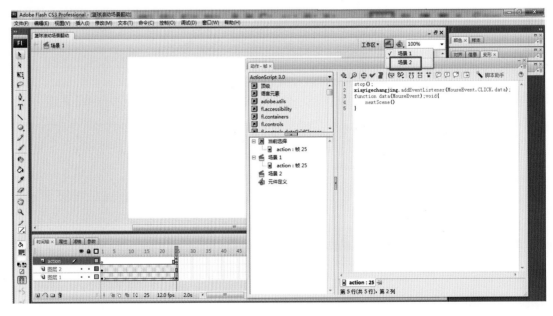

图7-37　进入场景2

(17) 单击场景2中的上一个场景按钮元件，将元件名称设置为shangyigechangjing，如图7-38所示。

图7-38　给上一个场景按钮元件命名

（18）新建一个图层，选择新建图层的第 1 帧，单击"窗口→动作"命令，打开动作面板，在脚本窗格中输入：

```
stop();
// 停止
shangyigechangjing.addEventListener(MouseEvent.CLICK, data2);
//shangyigechangjing 按钮加入鼠标监听器，当单机时触发 dada2 函数
function data2(MouseEvent):void{
    // 定义一个鼠标监听的有返回值的 dada2 函数
    prevScene();
    // 函数内容为播放
}
```

在脚本窗格中输入的代码如图 7-39 所示。

图7-39　输入代码4

（19）使用 Ctrl+Enter 组合键播放 Flash 文件，在最终效果中单击下一个图层按钮时将出现场景 2 中篮球滚动效果画面，如图 7-40 所示。再单击场景 2 中上一个场景按钮时将返回场景 1 中篮球滚动效果画面，如图 7-41 所示。

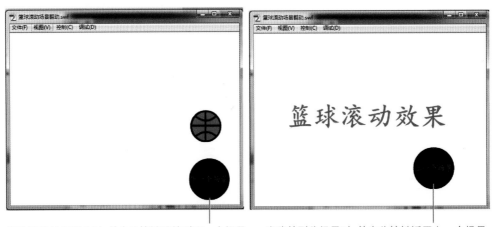

当动画播放完停止时，单击此按键跳转到下一个场景　　　　当跑转到此场景时，单击此按键返回上一个场景

图7-40　场景1中下一个场景按钮　　　　　　图7-41　场景2中上一个场景按钮

7.2.3　常用命令

Flash 提供了许多语句来控制动画时间轴的播放进程，常用的有 Play、gotoAndPlay、gotoAndStop、for、if、else 语句。

1. Play 语句

Play（播放影片）语句的作用是使停止播放的动画文件继续播放。此语句通常用于控制影片剪辑，它可以直接添加在影片剪辑元件或帧中，对指定的影片剪辑元件和动画进行控制。

2. gotoAndPlay 语句

gotoAndPlay（跳转并播放）语句通常添加在帧或按钮元件上，其作用是当播放到某帧或单击某按钮时，就跳转到指定场景中指定的帧上，并从该帧开始播放。如果未指定场景，则跳转到当前场景指定的帧上。

3. gotoAndStop 语句

gotoAndStop（跳转并停止）语句通常添加在帧或按钮元件上，其作用是当播放到某帧或单击某按钮时，跳转到指定场景中指定的帧上，并停止播放。

4. for 语句

通过 for 语句创建的循环，可在其中预先定义好决定循环次数的变量。

5. if 语句

if 语句主要应用于一些需要对条件进行判定的场合，其作用是当 if 中的条件成立时，执行其设定的语句，这样可以使用一定条件来控制动画的进行。

6. else 语句

else 语句用于配合 if 语句，主要用于实现对多个条件的判断。

第8章

影片的合成与输出

8.1 导出Flash作品

Flash 的发布系统不仅可以发布 Flash 文档和 HTML 页面，而且可以从 Flash 文档发布各种图像格式文件、可执行程序，以及 QuickTime 电影，同时针对不同的应用场合，还可以发布不同版本的 swf 文件和 HTML 页面。

8.1.1 导出图像

单击菜单栏中的"文件→导出→导出图像"命令，会弹出"导出图像"对话框，可在该对话框中选择图像格式的保存类型，分别如图 8-1、图 8-2 所示。

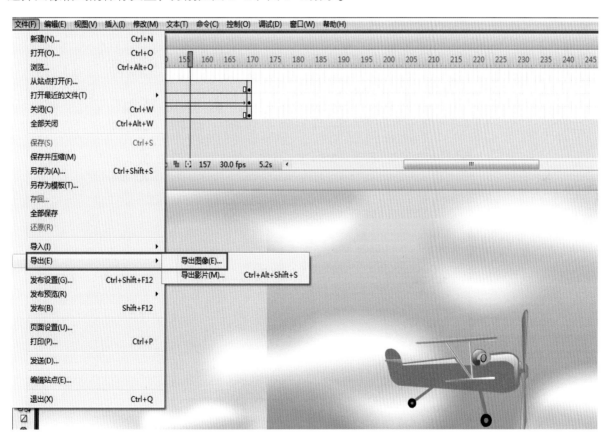

图8-1 导出图像

图8-2 图像格式选择

8.1.2 导出声音

单击菜单栏中的"文件→导出→导出影片"命令，会弹出"导出影片"对话框，可在该对话框中选择音频格式的保存类型，分别如图 8-3、图 8-4 所示。

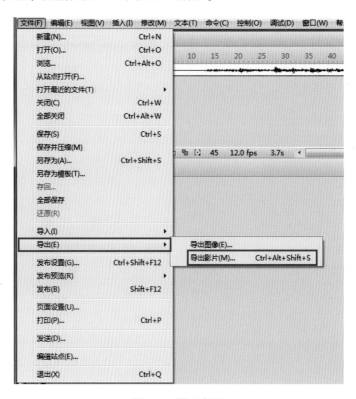

图8-3 导出声音

图8-4 保存音频格式

8.1.3 导出影片

单击菜单栏中的"文件→导出→导出影片"命令，会弹出"导出影片"对话框，在该对话框中可选择影片格式的保存类型，分别如图 8-5、图 8-6 所示。

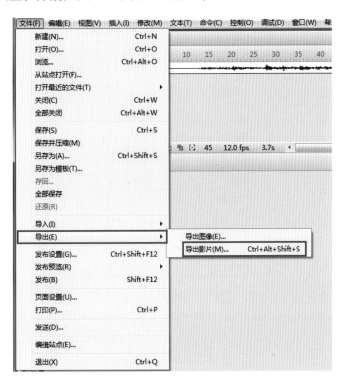

图8-5 导出影片

图8-6　保存影片格式

8.2　发布Flash作品

发布 Flash 作品较常见的命令有"发布"和"发布预览"两种，如图 8-7 所示。

图8-7　发布Flash作品

8.2.1　设置发布格式

在发布设置面板中设置 Flash 发布的格式，可以多选，选择的文件格式设置就会依次出现在发布设置面板下。默认的发布设置面板包括"格式"、"Flash"和"HTML"三个选项，分别如图8-8、图8-9、图8-10所示。

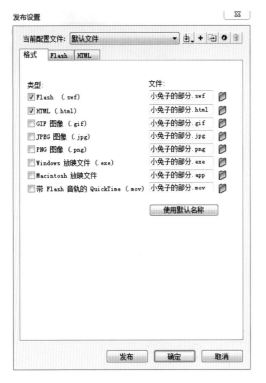

图8-8　格式选项

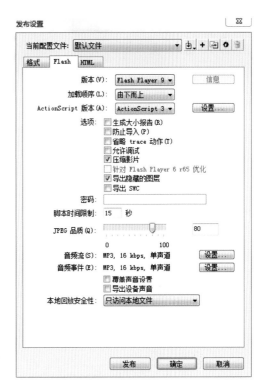

图8-9　Flash选项

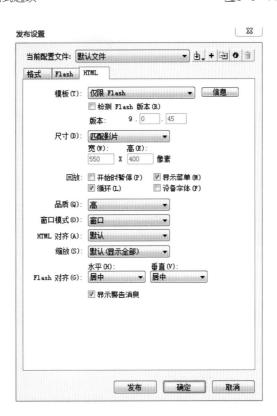

图8-10　HTML选项

　　认识了发布设置面板后，再针对需要进行设置，设置完毕后单击"确定"按钮。回到工作区，单击"文件→发布"命令或者按 Shift+F12 组合键，swf 格式的动画文件会自动出现在动画原文件下。

　　发布影片时，还可以通过单击"文件→导出→导出影片"命令导出多种格式的动画，如图 8-11 所示。

图8-11　影片格式选择

8.2.2　发布Flash影片

　　Flash 可提供多种影片发布的方式。下面先来了解 Flash 影片发布的方法和过程。单击菜单栏中的"文件→导出→导出影片"命令或者按 Ctrl+Alt+Shift+S 组合键，可弹出"导出影片"对话框，在该对话框中选择目标之后设置文件名，最后单击"保存"按钮，如图 8-12 所示。

图8-12　保存影片

一般网络上的 Flash 动画大部分都是 swf 格式的，所以只需要在发布设置面板中选择 Flash 选项，再在该选项的下拉列表中选择输出影片播放的版本，如图 8-13 所示。

图8-13 影片播放版本选择

Flash 选项中各相关项说明如下。

(1) ActionScript 版本：用于选择动作脚本 1.0 或 2.0 等。

(2) 选项：包括生成大小报告、防止导入、省略 trace 动作、允许调试和压缩影片等项。

①生成大小报告：可以产生一份详细记载动画压缩后大小的报告，会在动画所在目录自动生成一个文本文件。

②压缩影片：压缩 swf 文件可缩短下载动画时间。

(3) 密码：若选择"防止导入"和"允许调试"选项，则可以在密码区设置保护密码。

(4) 音频流 / 音频事件：用于对动画中的声音进行压缩，如图 8-14 所示。

图8-14　设置声音

　　(5) 本地回放安全性：包括只访问本地文件和只访问网络。选择只访问本地文件，swf 动画文件可以与本地的文件和资源交互，但不能与网络上的文件和资源交互。选择只访问网络，swf 动画文件只能与网络上的文件和资源交互。

9.1 无纸动画（Flash动画）的制作

无纸动画就是在计算机上完成全程制作的动画作品，它采用数位板（压感笔）＋计算机＋CG应用软件的全新工作流程的方式，其绘画方式与传统的纸上绘画方式十分接近，因此能够很容易地从纸上绘画过渡到这一平台。同时，它还可以大幅提高效率，并易于修改及方便输出，这些特性可让这种工作方式得到较快普及，分别如图9-1、图9-2所示。

图9-1 数位板与压感笔

图9-2 数位板的操作

Flash动画平台具有流程新、上手快、操作简便、功能全面、文件小等优点，可以实现动画制作的全无纸化。所以，采用Flash无纸动画工作平台投入少，对动画团队规模的要求低，最大限度地降低了制作成本。

本节以动画短片《沙漠风声》为例介绍利用Flash CS3软件制作无纸动画的过程。

9.1.1 人物造型与道具

制作一部完整的动画片，人物角色是必不可少的，它像电影中的演员一样重要。角色设计的好坏，会直接影响影片的质量。为了节省制作成本、提高制作效率，往往会先把人物角色造型和道具建立完整，为中期的原动画制作提供参考。具体操作如下。

（1）导入画稿。打开Flash软件，设置好舞台尺寸，将已经设计好的人物角色"青年"造型转为面图稿，并导入Flash的舞台中，将"图层1"命名为"原始画稿"，分别如图9-3、图9-4所示。

图9-3　人物造型转面图稿

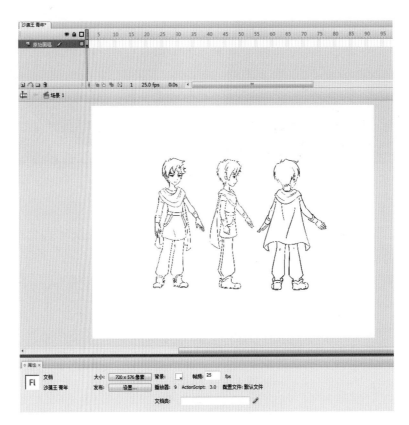

图9-4　画稿导入舞台

　　(2) 描线绘制。将新建图层命名为"青年 – 造型"，并将原始画稿图层锁定。利用钢笔工具，并激活"绘制对象"按钮，按照原始画稿将人物五官、身子、手、脚、衣物服饰等逐一进行描线绘制，分别如图 9-5、图 9-6、图 9-7 所示。

　　注：各关节等连接处要注意封线，以便上色。

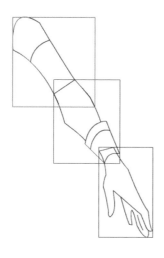

图9-5 手臂的绘制

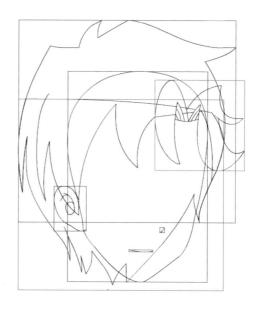

图9-6 脸部的绘制

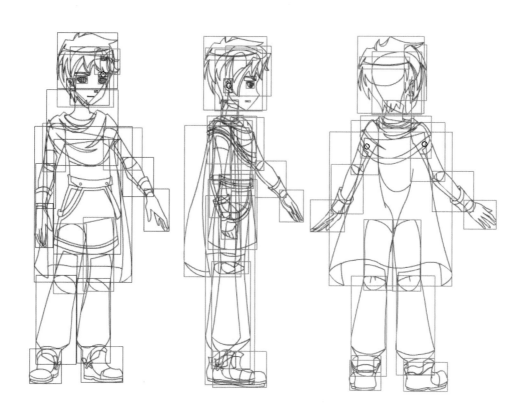

图9-7 全身绘制

（3）上色。按照人物角色的上色指定，使用颜料桶工具对描线绘制的部分逐一进行上色，分别如图9-8、图9-9所示。

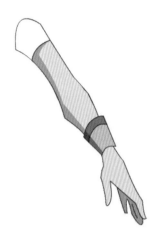

图9-8　手臂上色

图9-9　脸部上色

（4）保存源文件。当人物角色从绘制到上色都完成后，再将其另存格式为fla的源文件，将文件名改为"青年"，以便在中期制作时调入使用，分别如图9-10、图9-11所示。

道具的绘制方法与人物造型的相同，只需要根据剧情将人物随身常带的一些道具，如法杖、武器按照同样的方法逐一绘制、上色、保存好就可以了，如图9-12所示。这里就不再逐步进行演示了。

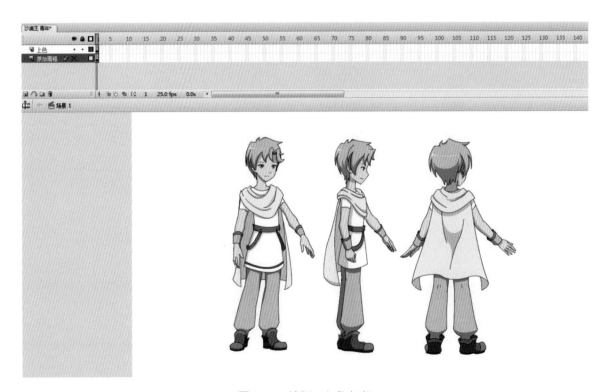

图9-10　绘制、上色完成

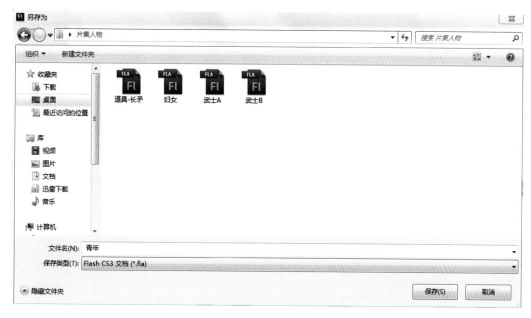

图9-11　角色的保存

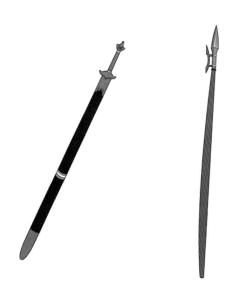

图9-12　绘制道具

9.1.2　场景

在动画片的创作中，动画场景通常是为动画角色的表演提供服务的，动画场景的设计要符合要求，展现故事发生的历史背景、文化风貌、地理环境和时代特征。要明确地表达故事发生的时间、地点，结合该部动画片的总体风格进行设计，给动画角色的表演提供合适的场合。在动画片中，动画角色是演绎故事情节的主体，动画场景则要紧紧围绕角色的表演进行设计。

在 Flash 中，场景的制作通常有以下两种方法。

（1）利用绘制工具直接绘制。结合数位板，利用钢笔工具、铅笔工具、刷子工具、颜料桶工具等按照设计图进行勾线上色，方法与绘制人物造型相同，分别如图 9-13、图 9-14 所示。

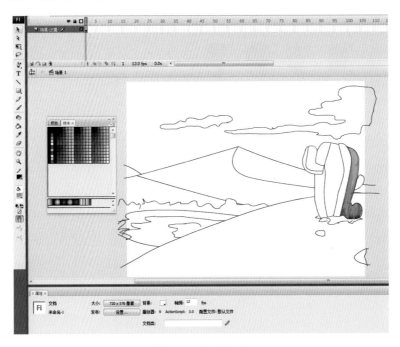

图9-13　绘制场景

图9-14　场景上色

（2）直接导入场景。在位图软件 Photoshop 或 Painter 中，按照 Flash 的舞台尺寸设置画幅大小，以确保场景画面导入舞台时的比例准确，并在 Photoshop 或 Painter 中绘制、上色，分别如图 9-15、图 9-16 所示。这种方法使用比较普遍，因为位图软件的色彩比矢量图的要丰富许多，且这种方法表现力强、细腻、层次多、细节多。使用位图软件制作场景时，只要注意分辨率的大小、保证场景画面不失真就行。

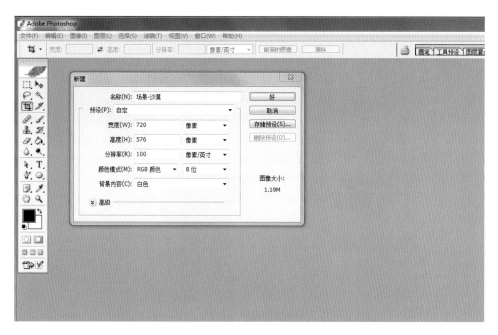

图9-15　在Photoshop中设置画幅尺寸

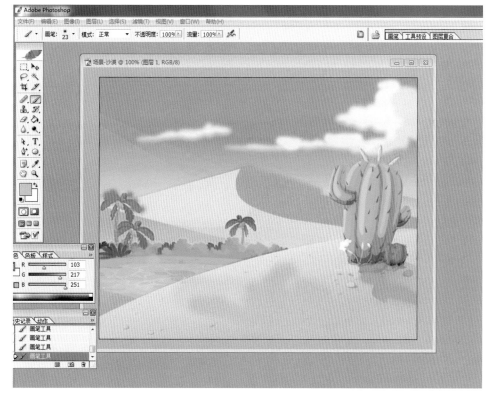

图9-16　在Photoshop中绘制、上色

　　在Flash中，场景是作为最底层出现的，人物往往是在场景的上方。如果剧情需要多个场景层次出现，就要注意分层的关系。如图9-17所示，人物从仙人掌的后面走过，就需要在"新建图层"中将仙人掌作为前景层单独绘制，并将此图层移至人物层的上方。这样，整个场景的前后遮挡关系就制作出来了，如图9-18所示。

图9-17　单独绘制前景层

图9-18　场景中的层次关系

9.1.3　动作的设计与实现

在动画片中，出现最多的就是动作，而动作的设计也是中期制作中最烦琐、最重要的一个环节，动作的好与坏决定着一部动画片质量的好与坏。

前期已经介绍了人物角色转面绘制，通过动作的设计，利用元件把角色各个关节有效地连接起来，可以有效节省动作绘制的时间，提高工作效率。目前，多数无纸动画的动作大多使用这种方法。

下面来制作一套人物半身走路的动画，具体操作如下。

(1) 设置舞台尺寸，分别建立背景层和人物层，将绘制好的背景和人物导入舞台，并调整好位置，如图9-19所示。

图9-19 人物与背景

(2) 元件的转化。选择人物层，将人物的两手臂、身子和头分别选中，并转化为元件，如图9-20所示。

图9-20 元件的转化

（3）设置两手臂的关节点位置。选择任意变形工具，分别将轴心点放至两手臂上臂活动关节处，以达到前后能够随意摆动为准，如图 9-21 所示。

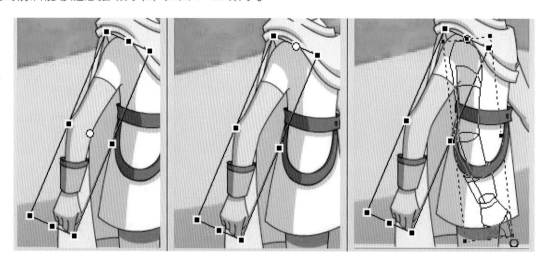

图9-21　手臂关节点设置

（4）设计动作。选择背景层，在 40 帧位置按 F5 键插入帧，以延长背景层时间。选择人物层，在时间轴上隔两帧位置按 F6 键插入关键帧，将人物全部选中并按照人物走路的运动规律向前移动，如图 9-22 所示。调整人物走路时高低位置的变化和手臂的前后摆动，如图 9-23 所示。

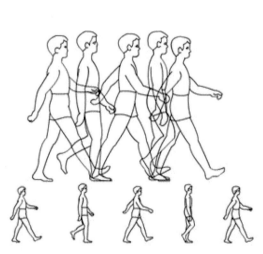

图9-22　走路运动规律参考

图9-23　调整人物动作

（5）按照同样的方法继续插入关键帧，调整好每一步的动作，以人物走出画面为止。在设计每一帧动作的时候，可以打开"绘图纸外观　　"，以便观察动作的前后位置衔接情况，如图 9-24 所示。

图9-24　每走一步的动作变化

（6）按 Ctrl+Enter 组合键测试影片，一套走路的动作就得以实现了。

9.2　电子分镜头台本绘制

动画分镜头台本是指在动画中的镜头表现，是依靠剧本完成的镜头感设计，分镜头台本表现可以在动画制作过程中给制作人员带来很大便利。针对未来影片的构思和设计蓝图，分镜头把运动中的场景气氛、角色表演、色彩光影、对白、音效、摄影处理——表现出来。

传统的制作动画分镜头大多采用静态手绘的方式，如图 9-25、图 9-26 所示。虽然这种方式绘制较快，但执行起来很难。将导演创意由静态制作转变为动态动画，其中出现的偏差和失误会很大，对各流程创作人员的要求也很高。而利用先进工具软件完成电子分镜头台本的制作就可事半功倍。

下面以短片《课堂上》为例，介绍如何利用 Flash 软件完成绘制构图、运动镜头、转场与镜头组接。

9.2.1　绘制构图

使用传统动画绘制分镜头台本，首先要把握好构图比例，如 4∶3 的画面比例或者 16∶9 的画面比例，制作整部动画片要做到构图统一。而 Flash 的舞台尺寸即是分镜的播放尺寸，当设置舞台尺寸的时候，我们要充分考虑成片放映屏幕的比例问题。

例如，标清电视屏幕的比例为 4∶3，对应到 Flash 舞台尺寸，即为 720 像素 ×576 像素（因为标清电视的像素形状是宽高比 1.067∶1 的长方形，而非正方形，所以标清电视 4∶3 的宽高比是 720×1.067 再与 576 相比而得出的）。而高清电视屏幕的比例为 16∶9，对应到 Flash 舞台尺寸，可设置为 1024 像素 ×576 像素或 1920 像素 ×1080 像素。

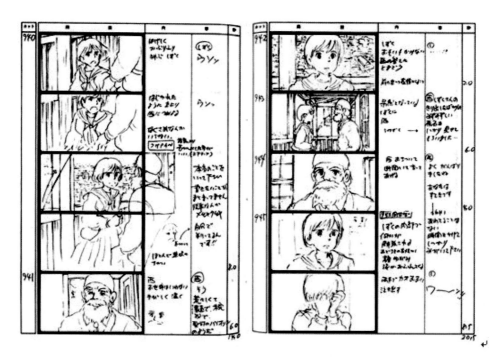

图9-25　选自《侧耳倾听》

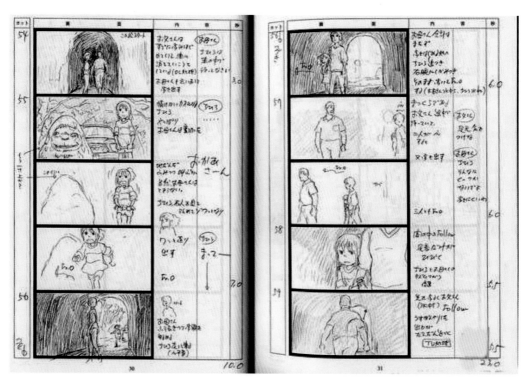

图9-26　选自《千与千寻的神隐》

一般来说，电子分镜头台本只要保证画面的比例与成片的相符即可，在分辨率的设置上不必与成片的一致，可以在保证清晰度的情况下适当降低画面的分辨率。

在Flash中制作电子分镜头台本，绘制构图方法如下。

在Flash CS3中单击"文件→新建→Flash文件"命令，会打开Flash操作界面下方的属性栏

（或按快捷键 Ctrl+F3），单击"属性"区域的大小编辑按钮，将默认的尺寸修改为需要的 4 ∶ 3 和 16 ∶ 9 屏幕尺寸，分别如图 9-27、图 9-28 所示。帧频的设置如图 9-29 所示。

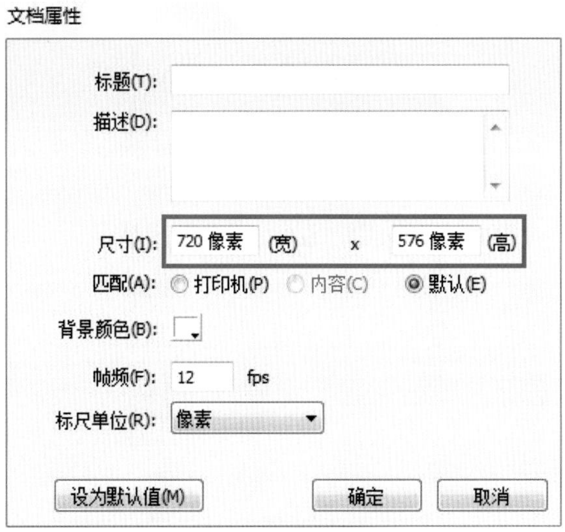

图9-27 4∶3屏幕尺寸　　　　　　　　　　　图9-28 16∶9屏幕尺寸

注：帧频 fps 是英文 frames per second 的缩写，是指每秒钟所显示的静止帧格数，Flash 中的默认帧频为 12 fps。电影的帧频为 24 fps，意思是一秒钟显示 24 个画面。帧频越大，动画的流畅度就越高。帧频的设置要根据分镜的细致程度而定。例如，分镜中有一段非常细致的打斗动作，那么 8 fps 或者 12 fps 就不够。

图9-29 帧频设置

设置完屏幕尺寸和帧频参数后，就可以将数位板连接到计算机，利用 Flash 中的绘制工具在舞台中进行分镜的构图绘制。可以根据影片的制作风格及客户需求在舞台中适当添加镜头号、安全框、电视框等标志，如图 9-30 所示。

图9-30　分镜构图绘制

9.2.2　运动镜头

镜头是短片的基本单元，每部短片都由若干个镜头组成。如何绘制人物与场景，如何设计动作，所有这一切都要通过一个一个的镜头表现出来。

运动镜头是影视制作的重要手段和形式，也是对镜头的扩充和修饰，可以达到运动的观察效果。运动镜头形式通常包括推、拉、摇、移、跟这5种基本形式，每种镜头的运动形式都能产生不同的视觉效果，引起观众不同的心理反应。

在Flash中，如何模仿摄影机的镜头运动，以达到实拍中的运动镜头效果呢？下面将通过实例来讲解运动镜头的实现。

1. 推镜头

推镜头的具体操作如下。

（1）将构图画面转化为元件。将绘制好的构图画面层全部选中，打开"转换为元件"窗口，其中类型选择"图形"，单击"确定"按钮，该镜头画面就成为一个图形元件，如图9-31所示。

图9-31　将构图转化为元件

（2）设置起始关键帧和结束关键帧。根据分镜脚本指示：此镜头总时长为25帧，前10帧停止，保持画面不动，在第10帧至第25帧之间做推镜头运动。在时间轴选择已经转化为图形元件的构图层，在第10帧位置按F6键，将第10帧作为关键帧；接着在第25帧位置按F6键，作为结束关键帧。其余不动层镜头号、安全框标志两层分别在第25帧位置按F5键插入帧即可，如图9-32所示。

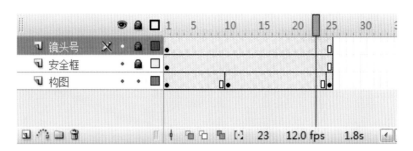

图9-32 设置关键帧位置

（3）设置起始帧、关键帧和结束帧的画面大小。推镜头，则分镜画面是逐渐放大的效果。此镜头指示在第10帧以后开始运动，再在第10帧位置上选取工具栏中的任意变形工具，鼠标拖动将变形工具的中心角点放至画面中要推向镜头的位置（这里放至教学楼的玻璃中心处），分别如图9-33、图9-34所示。然后在第25帧结束帧位置上，选取任意变形工具同时按Shift键，用鼠标拖动将变形工具的角点放至第10帧角点位置，再将图形元件等比例拉大，如图9-35所示。

图9-33 原始中心角点位置

图9-34　移动角点位置

图9-35　结束帧画面的大小变化

(4) 创建补间动画。在时间轴上，用鼠标在第10帧与结束帧25帧之间任意普通帧位置选择"创建补间动画"，如图9-36所示。这时进行播放预览，即可完成镜头逐渐放大推镜头的视觉效果。

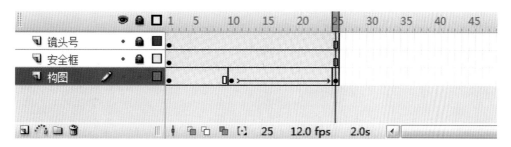

图9-36 创建补间动画

2. 拉镜头

拉镜头的步骤与推镜头的基本一致，不同之处在于分镜画面是逐渐缩小的。用同样的方法将起始帧、关键帧画面等比例拉大，结束帧保持画面不变，则画面从第10帧至第25帧之间形成逐渐缩小拉镜头的效果，分别如图9-37、图9-38、图9-39所示。

可以通过调整起始帧和结束帧的画面大小和调整画面中的位置来达到想要的运动镜头效果。

图9-37 设置起始帧

图9-38 设置关键帧

图9-39 设置结束帧

3. 摇、移镜头

摇镜头和移镜头都是依靠镜头画面的位置移动来模拟的。两者的区别在于，摇镜头的画面带有透视变形，而移镜头没有。

摇、移镜头与推、拉镜头的制作方法相似，制作的基本原理是根据场景画面在舞台中的位置，利用创建补间动画将场景画面进行移动。

　　具体步骤如下。

　　(1) 将构图画面转化为元件。

　　(2) 调整元件的大小，将摇、移镜头的起始帧和结束帧作为关键帧。

　　(3) 设置镜头画面在起始帧和结束帧的位置，分别如图 9-40、图 9-41 所示。

　　(4) 创建补间动画。

图9-40　移镜头中起始帧和结束帧在舞台中的位置

起始帧在舞台中的位置

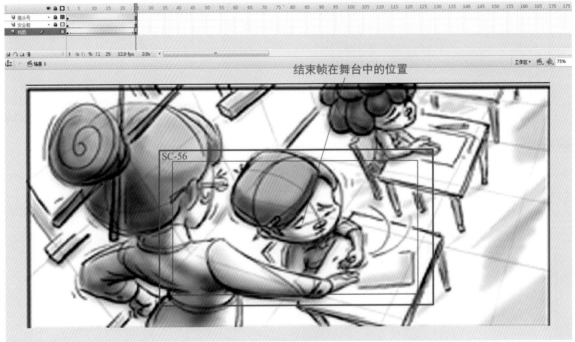

结束帧在舞台中的位置

图9-41　摇镜头中起始帧和结束帧在舞台中的位置

9.2.3　转场与镜头组接

在分镜头台本绘制中，合理利用镜头转场与镜头之间的组接，是实现镜头语言的一种有效手段。下面通过实例介绍Flash如何进行动画的转场与镜头组接。

注：镜头语言是指通过镜头拍摄的流动画面与观众进行交流的一种视觉传达方式，它可以使动画更加生动，可以增强画面的审美感和视觉冲击力，也可以很好地节省制作成本。

1. 转场

镜头的转场方法有很多，依据手法不同可分为两类：一类是用镜头自然过渡做转场，称为无技巧转场；另一类是用特技手段做转场，称为技巧转场。大部分镜头的组接是无技巧转场，而巧妙使用技巧转场可以使两个故事段落的组接流畅，又能造成段落的分割。

淡入／淡出是一种常用的技巧转场方式。淡入是指从黑屏逐渐过渡到正常画面；淡出则是由正常画面逐渐变暗至黑屏。要在 Flash 中体现这种效果，就需要运用到图层的功能。

淡入的具体步骤如下。

(1) 在已有的画面中新建一个图层，命名为"黑屏转场"。注意，此层要建立在构图画面层的上方位置。

(2) 选择工具栏中的矩形工具，填充颜色框选取黑色，用鼠标在舞台上拖出一个黑色矩形图形，图形大小以完全覆盖住舞台为准，如图 9-42 所示。

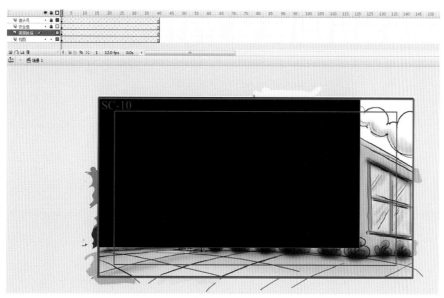

图9-42　拖出黑色矩形覆盖舞台

(3)选中黑色矩形图形，按F8键将黑色矩形图形转化为图形元件，如图9-43所示。

(4)计算淡入的时间，如果淡入需要10帧的时间，那么在时间轴的第10帧位置上按F6键插入关键帧，如图9-44所示。

(5)点选起始帧的黑色矩形图形元件，打开下方属性栏，将Alpha值调到100%，然后在第10帧位置将Alpha值调到0%，如图9-45所示。

(6)在两帧之间创建补间动画，画面淡入的效果就制作好了，如图9-46所示。

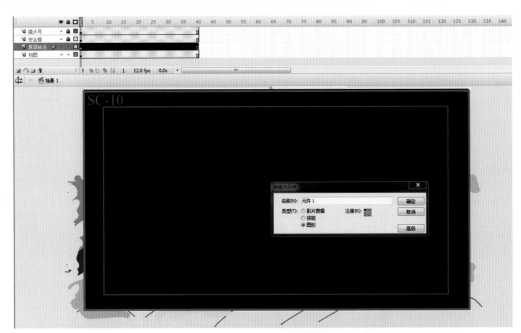

图9-43　转化为图形元件

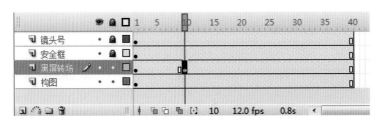

图9-44　插入关键帧

图9-45　设置Alpha值

图9-46　画面淡入效果

淡出的操作方法与淡入的操作方法基本相同，所不同的是，淡出是将前关键帧的黑色矩形元件 Alpha 值归 0，结束关键帧的黑色矩形元件 Alpha 值保持 100%，在这个基础上创建补间动画，就可以得到画面逐渐变暗至黑屏的效果，如图 9-47 所示。

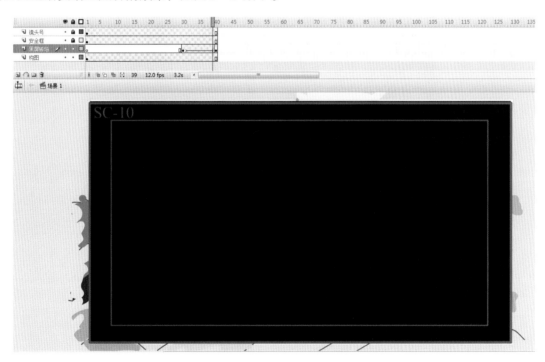

图9-47　画面淡出效果

淡入 / 淡出的实际运用需要根据影片的情节、节奏的要求来制作。正如有的舞台剧场需要幕慢慢下，而有时需要幕急落。淡入 / 淡出也有快慢、长短之分，这都要根据剧情的需要来决定。

2. 镜头组接

镜头组接是将镜头按照一定的顺序和方法连贯组接在一起，形成具有条理性和逻辑性的影片。精彩的镜头组接可以增加影片的艺术感染力，镜头组接的一般处理技巧如下。

（1）插入镜头组接：在一个镜头中间切换，插入另一个表现不同主体的镜头。如小女孩抢回了小男孩手中的字条，突然插入一个代表人物主观视线的镜头（主观镜头 SC-98），以表现该人物意外地看到了什么和直观感想及引起联想的镜头，导致情绪上的波动，如图 9-48 所示。

图9-48　插入镜头组接

（2）动作组接：借助人物、动物、交通工具等动作的可衔接性以及动作的连贯相似性，作为镜头的转换手段。

（3）特写镜头组接：镜头以某一人物的某一局部（头或眼睛）或某个物件的特写画面结束，然后从这一特写画面开始，逐渐扩大视野，以展示另一情节的环境。目的是使观众的注意力集中在某一个人的表情或者某一事物的时候，在不知不觉中就转换了场景和叙述内容，而不使人产生陡然跳动的不适应感，如图 9-49 所示。

图9-49　特写镜头组接

（4）景物镜头组接：在两个镜头之间借助景物镜头作为过渡，其中以景为主、以物为陪衬的镜头，可以展示不同的地理环境和景物风貌，来表示时间和季节的变换，这是以景抒情的一种表现手法。而以物为主、以景为陪衬的镜头往往作为镜头转换的手段。

（5）声音转场：用解说词转场，这种技巧一般在科教片中比较常见。用画外音和画内音互相交替转场，如电话场景的表现。此外，还可以利用歌唱来实现转场的效果，并且利用各种内容换景。

（6）多屏画面转场：这种技巧有多画屏、多画面、多画格和多银幕等多种叫法，是近代影片影视艺术的新手法。把银幕或者屏幕一分为多，可以使双重或多重的情节齐头并进，大大压缩了时间。如在电话场景中打电话，两边的人都有了，打完电话后，打电话的人戏没有了，但接电话的人戏开始了。

9.3　综合实例：制作音乐会

1. 制作要求

音乐会的制作要求如下。

（1）人物边唱歌边弹吉他做动作；

（2）舞台中人物聚光灯渐变带有变化；

（3）舞台后背景灯光左右摇摆；

（4）气球的飘动；

（5）加入音乐伴奏。

最终效果如图 9-50 所示。

图9-50　制作最终效果

2. 制作步骤

音乐会的制作步骤如下。

(1) 搭建场景。新建文件,将舞台背景色改为黑色,在舞台中绘制背景,如图 9-51 所示。

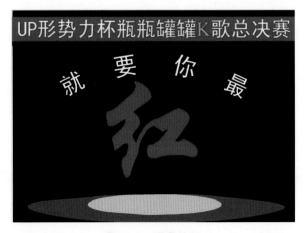

图9-51　场景绘制

(2) 制作舞台背景灯光。在场景中用矩形工具制作 6 条光束,分别放在不同的 6 层,并转化为元件,调整每束灯光的 Alpha 值为 80%,制作出透明效果,如图 9-52 所示。

图9-52　背景灯光

(3) 设置光束摇摆的轴心点位置。将 4 条白色的光束分别用任意变形工具将轴心点位置放至光束底部中心处，调整可以使之左右摇摆，如图 9-53 所示。

图9-53 设置光束摇摆轴心点

(4) 制作光束左右摇摆的动画效果。2 条黄色光束保持不动，再分别在 4 条白色的光束层中插入关键帧，创建补间动画，制作光束交叉摇摆的动画效果，如图 9-54 所示。

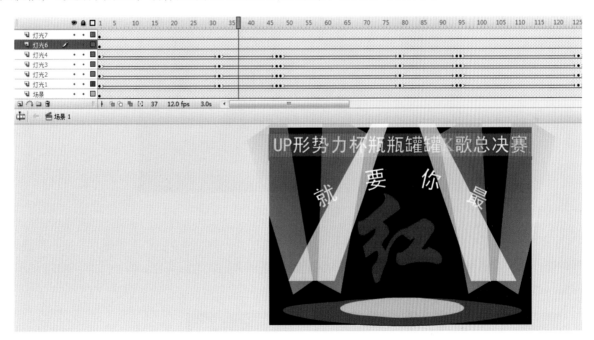

图9-54 制作光束摇摆动画

(5) 制作遮罩层。当白色光束左右摇摆的时候，发现光束的底部边角有漏出的现象，这样会影响画面的美观。为了将其遮挡住，应新建图层并命名为遮罩，用矩形工具填充为黑色将其掩盖就可，如图 9-55 所示。

图9-55　制作遮罩层

（6）绘制动画人物。新建图层并命名为人物，利用钢笔工具并激活"绘制对象"按钮，将动画人物和道具吉他绘制出来并上色，如图 9-56 所示。

图9-56　绘制人物

（7）动作设计。将人物嘴巴、双手、左脚分别选中并转化为元件，建立在不同的层中，插入关键帧，做循环动作。利用任意变形工具调整各关节的活动轴心点。嘴巴做大小变化，双手做弹吉他的动作，左脚做踩踏的动作，分别如图 9-57、图 9-58 所示。

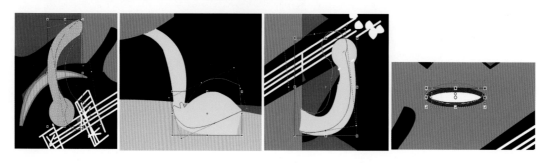

图9-57　动作调节

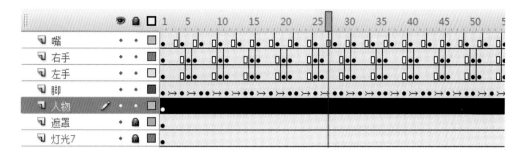

图9-58　插入关键帧

(8) 制作人物聚光灯。新建图层并命名为聚光灯,利用钢笔工具或矩形工具制作照射在人物身上的灯光,并将其转化为元件,插入关键帧,设置 Alpha 值,制作出灯光透明渐变的效果,如图 9-59 所示。

图9-59　制作人物聚光灯

(9) 制作气球向上飘动。新建图层并命名为气球,绘制 3 个气球,并将其转化为元件,插入关键帧,让气球按照指定路线向上方飘动,如图 9-60 所示。

图9-60　制作气球

（10）添加声音。新建图层并命名为音乐，将准备好的文件格式为 wma 或 mp3 的音乐导入舞台，在时间轴上设置帧与其他帧同步即可，如图 9-61 所示。

图9-61　添加声音

（11）按 Ctrl+Enter 组合键测试影片，一套音乐会的动画就制作完成了。

参考文献

[1] 韩庆年 . 从剧本到影片：二维 Flash 动画短片制作 [M]. 北京：中国传媒大学出版社 , 2011.

[2] 吴涛 . Flash 8 标准教程 [M]. 2 版 . 北京：科学出版社，2007.

[3] 赵莹 . 动画前期：剧本编创与分镜头设计 [M]. 北京：中国青年出版社 , 2012.

[4] 周德云 . Flash 动画制作与应用 [M]. 北京：人民邮电出版社 , 2009.

[5] 肖永亮 . Flash CS3 二维动画设计与制作 [M]. 北京：电子工业出版社 , 2009.

[6] 邓文达 . Flash 动画制作与实训 [M]. 北京：人民邮电出版社 , 2011.

[7] 周雅铭，汤喜辉，丁易名 .Flash 基础教程 [M]. 北京：中国传媒大学出版社 , 2008.

[8] 梁立斌，费瑞华 . Flash 动画实训教程 [M]. 上海：上海交通大学出版社 , 2009.

[9] 雷波 . 中文版 Flash CS4 多媒体教学经典教程 [M]. 北京：北京交通大学出版社 , 2010.

[10] 张素卿，王洁瑜 .Flash 动画制作实例教程 [M]. 北京：清华大学出版社 , 2009.

课程内容与课时安排

建议学时分配：理论学时16　实践学时48

章　节	内　容	教学环节	
		理论教学学时	实践教学学时
第1章	Flash CS3基础知识	2	2
第2章	Flash绘制基础	2	8
第3章	Flash动画基础	2	10
第4章	文本的使用	1	3
第5章	在Flash中添加声音和视频	1	3
第6章	时间轴特效与滤镜	2	4
第7章	动作面板的使用	2	6
第8章	影片的合成与输出	2	2
第9章	经典案例操作	2	10
总　计	64学时		